Utho Creusen / Nina-Ric Eschemann / Thomas Johann

Positive Leadership

Utho Creusen / Nina-Ric Eschemann
Thomas Johann

Positive Leadership

Psychologie erfolgreicher Führung

Erweiterte Strategien zur Anwendung
des Grid-Modells

GABLER

Bibliografische Information der Deutschen Nationalbibliothek
Die Deutsche Nationalbibliothek verzeichnet diese Publikation in der
Deutschen Nationalbibliografie; detaillierte bibliografische Daten sind im Internet über
<http://dnb.d-nb.de> abrufbar.

1. Auflage 2010

Alle Rechte vorbehalten
© Gabler Verlag | Springer Fachmedien Wiesbaden GmbH 2010

Lektorat: Ulrike Lörcher

Gabler Verlag ist eine Marke von Springer Fachmedien.
Springer Fachmedien ist Teil der Fachverlagsgruppe Springer Science+Business Media.
www.gabler.de

Umschlaggestaltung: KünkelLopka Medienentwicklung, Heidelberg
Gedruckt auf säurefreiem und chlorfrei gebleichtem Papier
Printed in Germany

ISBN 978-3-8349-2215-1

Gemeinsam widmen wir dieses Buch Dr. Emil Lux, der am 18. Dezember 2005 im Alter von 87 Jahren verstarb. Dr. Emil Lux war nicht nur ein deutscher Unternehmer, sondern auch ein Visionär. Er war Eigentümer und Geschäftsführer des Werkzeugunternehmens LUX Tools, brachte GRID® nach Deutschland und gründete zusammen mit Manfred Maus die OBI Bau- und Heimwerkermärkte. Mit der Marianne-und-Emil-Lux-Stiftung engagierte er sich besonders für soziale Projekte.

Geleitwort

Im Jahr 1970 gründeten Dr. Emil Lux, dem die Autoren dieses Buch gewidmet haben, und ich die OBI Bau- und Heimwerkermärkte. Zu OBI gehören heute über 500 Bau- und Heimwerkermärkte. Meiner Überzeugung nach war die Erfolgsgeschichte dieses Franchiseunternehmens nur möglich, weil wir dort bereits seit Jahrzehnten intuitiv die in diesem Buch beschriebenen Prinzipien anwenden. So konnten wir für uns immer wieder Menschen gewinnen, die sich engagiert und motiviert einbringen wollten. Ich freue mich, dass Dr. Utho Creusen, Nina-Ric Eschemann und Thomas Johann mit ihrem Buch nun ein Plädoyer für diese positive Art des Denkens, Fühlens und Führens verfasst haben. Es erweitert maßgeblich unser Verständnis von Führung und menschlichem Verhalten.

Manfred Maus

Gründer OBI Bau- und Heimwerkermärkte,
Träger des Bundesverdienstkreuzes
und der Verdienstmedaille des Landes Baden-Württemberg,
Ehrenpräsident des Deutschen Franchise-Verbandes,
Ehrenpräsident des Bundesverbandes
Deutscher Heimwerker-, Bau- und Gartenfachmärkte

Vorwort

Wie führt man positiv und wie verhält man sich positiv? Oder anders formuliert: Wie macht man die Mitarbeiter glücklich und erhöht gleichzeitig den unternehmerischen Erfolg, also den Gewinn? Diesen Fragen gehen wir in Theorie und Praxis seit Jahren nach. Herausgekommen ist ein einzigartiger Führungsansatz, der Traditionelles mit Neuem verbindet. Wir nennen diesen Ansatz Positive Leadership mit Grid®.

Motivierte, engagierte und positiv denkende Führungskräfte und Mitarbeiter sind statistisch gesehen immer noch die Ausnahme. Wir möchten mit diesem Buch einen Beitrag dazu leisten, dass sich dies in Zukunft ändert.

In Unternehmen hat man es mit Menschen zu tun. Diese richtig zu behandeln ist die Herausforderung unserer Zeit. Wir glauben, dass jeder Mitarbeiter und vor allem jeder Manager fundierte Grundkenntnisse über die menschliche Psyche haben sollte. Wir stützen uns in diesem Buch speziell auf die Erkenntnisse der Positiven Psychologie, einer noch recht jungen Forschungsrichtung, und übertragen deren Einsichten auf betriebswirtschaftliche Zusammenhänge.

In diesem Buch erfahren Sie …

- ◼ warum Sie heutzutage anders mit Mitarbeitern und Kollegen umgehen sollten als sie es vielleicht gewöhnt sind;

- ◼ wie Sie mit Hilfe moderner Methoden führen können;

- ◼ welche Konzepte von besonderer Relevanz sind und wie Sie diese einsetzen können;

- ◼ anhand vieler anschaulicher und ganz konkreter Beispiele, wie wir in unserem täglichen Berufsalltag seit Jahren erfolgreich damit arbeiten;

- ◼ wie Sie testen können, ob Sie positiv führen.

Leicht verständlich und unterhaltsam geschrieben lässt sich dieses Buch beispielsweise auf einer fünfstündigen Zugfahrt durcharbeiten. Unser Ziel ist es, dass Sie die neuen Erkenntnisse aus diesem Buch sofort anwenden können.

Wir wünschen Ihnen Spaß beim Lesen und viele neue Erkenntnisse!

Ingolstadt, Frankfurt am Main und Miami im Frühjahr 2010

Utho Creusen, Nina-Ric Eschemann, Thomas Johann

Inhaltsverzeichnis

Einführung

Heutzutage sind viele Menschen am Arbeitsplatz demotiviert. So hat das Beratungsunternehmen Gallup im jährlichen Engagementindex erhoben, dass sich 66 Prozent der Arbeitnehmer in Deutschland emotional nur gering an ihre Firma gebunden fühlen und vorzugsweise nur „Dienst nach Vorschrift" machen, 23 Prozent bereits innerlich gekündigt haben und teilweise aktiv ihrem Arbeitgeber schaden. Gerade einmal 11 Prozent der Beschäftigten empfinden eine echte Verpflichtung gegenüber ihrem Unternehmen und arbeiten entsprechend engagiert. (Diese Zahlen sind in den letzten Jahren recht konstant. Die angegebenen Werte beziehen sich auf das Jahr 2009.) Im internationalen Vergleich belegt Deutschland damit nur einen Platz im unteren Mittelfeld. Die Folgen zeigen sich in einer verminderten Leistungsfähigkeit der Unternehmungen. Auf die deutsche Volkswirtschaft hochgerechnet geht Gallup von quantifizierbaren Schäden in Höhe von 92,3 bis 121,5 Mrd. EUR jährlich aus.

Dafür verantwortlich sind vor allem Defizite im Personalmanagement und der Führung. Positiv emotionalisierende Reaktionen wie Anerkennung, Dankbarkeit und Lob werden von Führungskräften viel zu selten ausgesprochen. Auch können sich Mitarbeiter nicht ausreichend einbringen, da ihre Meinung kaum zu interessieren scheint. Gallup fasst die zentralen Ergebnisse folgendermaßen zusammen:

„Führungskräfte müssen sich zunächst ihrer Stärken und Schwächen bewusst werden und erkennen, wie ihr Führungsverhalten von den Teammitgliedern wahrgenommen wird." (FTD 2009).

Doch warum sind viele Menschen im Job unzufrieden und unglücklich? Ein Erklärungsansatz dürfte sein, dass Menschen im Allgemeinen und auch Mitarbeiter (Aus Gründen der besseren Lesbarkeit wird in diesem Buch die männliche Form verwendet. Gleichwohl sind aber auch immer weibliche Mitarbeiter und Manager gemeint.) aller Hierarchieebenen im

Speziellen meist nicht wissen, wie sie glücklicher werden können. Dabei ist es so wichtig glücklich zu sein, da dies positive Auswirkungen auf die Gesundheit und die Leistungsfähigkeit hat. Glückliche Menschen sind aktiver und empfinden mehr Freude im Alltag.

Diese Erkenntnisse sind intuitiv verständlich und nun auch durch eine neue Forschungsdisziplin wissenschaftlich bestätigt: die Positive Psychologie (vgl. Creusen/Müller-Seitz (2009)). Erst im Jahre 1998, als Prof. Dr. Martin E. P. Seligman zum Präsidenten der American Psychologist Association gewählt wurde, setzte er die Positive Psychologie auf die Agenda des Verbandes. Seine Entscheidung begründete Seligman mit der jahrzehntelangen Fokussierung auf negative Zustände. Ebenfalls stellte er fest, dass nach 1945 der Wohlstand in vielen Ländern stark zugenommen hatte, nicht aber die Zufriedenheit, das Wohlbefinden und die Erfüllung der Menschen. Dies verwundert auf den ersten Blick. Auf den zweiten Blick wird klar: Geld macht nicht glücklich. Ist der Lebensunterhalt gesichert, erhöht zusätzliches Geld das Glücksempfinden kaum. Folglich sind auch monetäre Anreize in Unternehmen als sekundär anzusehen. Vielmehr sollte man den Mitarbeiter, den Menschen, in den Mittelpunkt stellen. Durch eine entsprechende Einbeziehung und Beteiligung lassen sich Mitarbeiter viel stärker und vor allem langfristiger motivieren.

Die Positive Psychologie hat bereits das Leben von Millionen Menschen zum Besseren gewendet. Insofern dauerte es nicht lange, bis auch die Betriebswirtschaftslehre auf diese Disziplin aufmerksam wurde und versuchte, Wissen und Praktiken auf Unternehmen zu übertragen. Dies geschah seit 2003 mit dem Ziel der Schaffung nachhaltiger Wettbewerbsvorteile für Unternehmen (vgl. Michaels/Handfield-Jones/Axelrod (2001)). Ebenfalls sollten Arbeitsplätze in Unternehmen für aktuelle und zukünftige Mitarbeiter attraktiv gemacht werden, damit sich die Besten bewerben. Untersuchungen (vgl. Luthans/Youssef/Avolio (2007)) zeigen, dass gute Arbeitsplätze heutzutage gerade nicht mehr eine lebenslange Beschäftigung garantieren müssen. Vielmehr sollen sie Möglichkeiten, Ressourcen und Flexibilität eröffnen, damit Mitarbeiter sich weiterentwickeln, lernen und wachsen können. Dies ermöglicht den Mitarbeitern zukünftige Karriereschritte. So ist in der Praxis zu beobachten, dass Karrieren schon jetzt und in der Zukunft noch viel stärker zergliedert sind. Häufige Arbeitsplatzwechsel sind nicht mehr die Ausnahmen, sondern die Regel. Und nur wer sich auch im psychologischen Sinne weiterentwickelt, kann auf Zufriedenheit und Wohlbefinden sowie Karriereschritte hoffen.

Die Wirkung positiver Emotionen

Über was würden Sie sich freuen? Stellen Sie sich doch einmal eine Situation vor, in der Sie sich kürzlich über etwas gefreut haben! Haben Sie ein Kompliment bekommen? Oder wurde Ihnen etwas geschenkt? Wurden Sie befördert? Haben Sie in der Lotterie gewonnen?

Was löste das Gefühl der Freude in Ihnen aus? Freude erzeugt den Drang zu spielen, die Grenzen auszutesten, kreativ sowie sozial und physisch aktiv zu sein. Jemand der sich freut, möchte dies auch anderen mitteilen und seine Empfindungen körperlich ausleben. Der Freudenschrei vereint zum Beispiel beide Komponenten: Man kommuniziert und ist körperlich aktiv.

Doch wozu führt dies? Wenn man körperlich aktiv ist und sich vielleicht sportlich betätigt, so wird man fitter. Teilt man sich anderen Menschen mit, so entstehen durch diese Interaktionen soziale Verbindungen. In der Psychologie spricht man von einem Aufbau von Ressourcen. Diese können später zum eigenen Vorteil eingesetzt werden.

Dies ist der Grundgedanke von Barbara Fredricksons „Broaden-and-Build-Theory" (zu Deutsch etwa: „Erweiterungs-und-Aufbau-Theorie"). Barbara Fredrickson ist Professorin für Psychologie an der Universität von North Carolina und eine der bedeutendsten Forscherinnen im Bereich der Positiven Psychologie. Die Broaden-and-Build-Theorie ist die Grundlage zum Verständnis des Wirkens von positiven Emotionen wie Freude, Interesse, Stolz, Dankbarkeit und Zufriedenheit (vgl. hier und im Folgenden Fredrickson (1998, 2002). Der Name ihrer Theorie ergibt sich daraus, dass positive Emotionen das eigene Denken erweitern und dies zu einem Aufbau von Ressourcen wie Unterstützung durch andere oder physischer Fertigkeiten, beispielsweise koordinativen Fähigkeiten, führt.

Interessant ist, dass Menschen, die positiv emotionalisiert sind, auch mehr wahrnehmen. Sie sind aufmerksamer und achtsamer: Positive Emotionen sind ansteckend. Die folgende Darstellung soll die Zusammenhänge verdeutlichen:

Abbildung E.1   Wirkung positiver Emotionen: Die Broaden-and-Build-
Theory (Quelle: Eigene Darstellung in Anlehnung an
Cohn/Fredrickson (2009), S. 16)

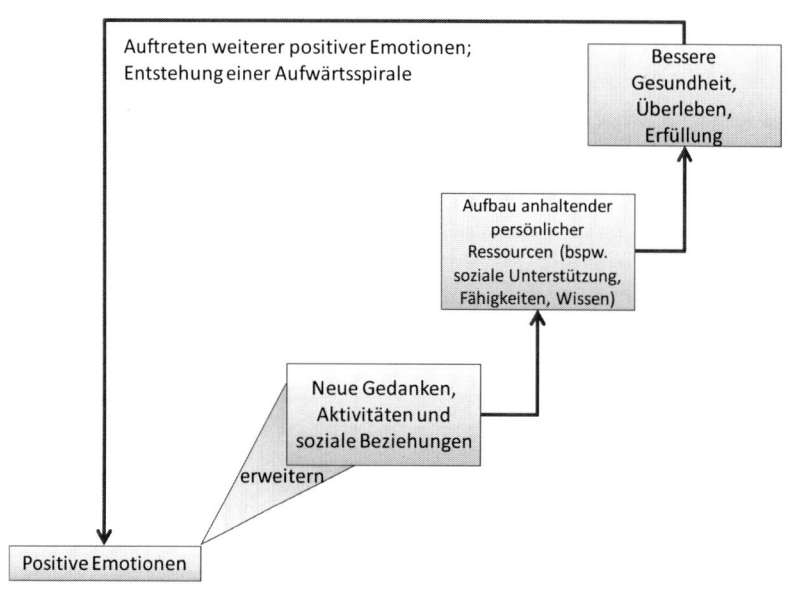

Im Idealfall ist das Verhältnis von positiven zu negativen Emotionen fünf
zu eins. Auf eine negative Emotion sollten fünf positive folgen – auch im
Berufsalltag. Dieses Verhältnis, so haben wissenschaftliche Untersuchungen ergeben, hält unsere Psyche in einem positiven Gleichgewicht. Sollten
Sie von diesem Verhältnis negativ abweichen, so gibt es Übungen, die
helfen und dabei unterstützen, bewusst positiver zu werden.

Eine solche Intervention, die sich in den Lebensalltag leicht einbauen lässt,
nennt sich „Die drei guten Dinge" und basiert auf der Übung „The Three
Blessings Exercise"®. Dieses Instrument wurde von Prof. Seligman entwickelt. Diese Übung möchten wir Ihnen kurz vorstellen.

Unser Leben ist zunehmend von Hektik, Termindruck und Stress geprägt. Aufgrund der vielen Anforderungen und Erwartungen, die an uns gestellt werden, fällt es immer schwerer, bewusst und regelmäßig innezuhalten und zu reflektieren. Die Zeit dafür fehlt, die Muße, die dazu nötig wäre, stellt sich nicht automatisch ein, und schließlich wird die Notwendigkeit nicht mehr gesehen. Gleichwohl erleben wir jeden Tag viele schöne Momente. Diese gilt es bewusst wahrzunehmen.

Schreiben Sie dazu jeden Abend vor dem Zubettgehen drei gute Dinge auf, die Ihnen der Tag gebracht hat. Halten Sie auch fest, warum diese Dinge gut und positiv waren und Ihnen Freude gebracht haben. Es können kleine Begebenheiten oder wichtige Lebensereignisse sein. Als Beispiele wären das zufällige Treffen eines Freundes, den man lange nicht mehr gesehen hat, eine Beförderung, hilfsbereite Kollegen, Spaß beim Sport oder andere Ereignisse zu nennen. Am nächsten Morgen erinnert man sich dann an diese drei Dinge. Lesen Sie gezielt noch einmal die Zeilen des letzten Abends durch, vergegenwärtigen Sie sich diese noch einmal. Somit beenden Sie den vorausgegangenen Tag positiv emotionalisiert und beginnen den neuen ebenso.

Diese einfache Übung führt, wissenschaftlich belegt, über einen Zeitraum von drei Monaten zu einer Steigerung des persönlichen Glücksempfindens. Selbst wenn man dann diese Übung nicht regelmäßig fortführt, fühlt man sich noch die nächsten sechs Monate glücklicher – im Vergleich zum Ausgangswert. Dieses erhöhte Niveau kann allerdings durch ein tägliches Durchführen der Übung gehalten werden. Wer dieses hochwirksame Instrument täglich einsetzen möchte, kann dies auf der Internetseite www.gtgd.eu sowie im „Glückstagebuch" (www.dasgluckstagebuch.de) der Autoren Creusen und Eschemann tun.

Zusammenfassend lässt sich sagen, dass positive Emotionen auf individueller Ebene widerstandsfähiger, sozial integrierter und leistungsfähiger machen. Dies führt zu erhöhten Werten bei Wohlbefinden, Zufriedenheit, Glück, Optimismus und Hoffnung. Auf der zwischenmenschlichen Ebene sind positive Emotionen ansteckend und stellen Hilfsbereitschaft, Flexibilität, Empathie (die Fähigkeit sich in andere emotional hineinzuversetzen) und Kreativität her. Positive Emotionen fördern und erleichtern das Erfahren von Kompetenz, Erfolg, Einbeziehung sowie sozialen Bindungen.

Ein Beispiel - Dankbarkeit und produktive Teams

Aufgrund von verschiedenen Meinungen zu einer Standortentscheidung kam es zum offenen Streit zwischen zwei der drei Landesgeschäftsführer eines internationalen Handelskonzerns. Nachdem man nicht in der Lage war, diesen Konflikt untereinander zu lösen, eskalierte man ihn auf die nächst höhere Ebene, zum Vorstand, und versuchte dabei auch, sich gegenseitig anzuschwärzen. Der Vorstand aber wollte nicht als Schiedsrichter fungieren und entschied sich bewusst dazu, eine Teamentwicklungsmaßnahme durchzuführen, um das Vertrauen untereinander wieder herzustellen.

In einem ersten Schritt wurden individuelle vertrauliche Gespräche mit allen drei Managern geführt, um die Sichtweise jedes Einzelnen und die Hintergründe besser zu verstehen. Es ging zunächst darum, nur zuzuhören und Informationen zu sammeln, ohne zu beurteilen oder gar zu verurteilen. Dann wurde ein klarer Schnitt gemacht: Auf die Vergangenheit wurde nun nicht mehr eingegangen, um die Fronten nicht noch weiter zu verhärten. Stattdessen wurde thematisiert, wie eine zukünftige positive Zusammenarbeit gelingen könnte.

Nun ging es darum, wieder eine gegenseitige Wertschätzung und Dankbarkeit möglich zu machen. Wertschätzung heißt, beim Anderen etwas anzuerkennen, etwas zu bewundern, auch Licht und nicht nur Schatten zu sehen. Wer voller Wertschätzung für seine Mitmenschen ist, nimmt Ereignisse nicht als selbstverständlich hin, erfährt mehr positive Emotionen und empfindet seltener Neid, Gier, Sorge, Eifersucht, Feindseligkeit und Irritationen. Wertschätzung macht so auch das eigene Leben lebenswerter und leichter!

Dankbarkeit ist eng verbunden mit Wertschätzung. Wer dankbar ist, zeigt damit Wertschätzung. Dankbarkeit beginnt aber auch bei jedem selbst. Eigene Erfolge und Leistungen sollten gewürdigt werden, und seien sie auch noch so klein. Diese Haltung kann man lernen und üben und fest in den Tagesablauf einbauen. Man kann sich zum Beispiel vornehmen, jeden Tag für etwas dankbar zu sein. Steter Tropfen höhlt den Stein. Dankbarkeit kann man mit einfachen Worten zeigen, durch eine Aufmerksamkeit oder ein kleines Geschenk. Dies kann durchaus auch einmal in Richtung eines Vorgesetzten, also „nach oben" gehen. Führungskräfte in Unternehmen erhalten meistens wenig Rückmeldungen über ihr Tun, sind aber oft dankbar dafür und immer wieder einmal für einen „Bumerangeffekt" gut: Aufmerksamkeit, Wertschätzung und Dankbarkeit werden erwidert.

Um zu einer solchen Wertschätzung und Dankbarkeit in unserem Beispiel zu kommen, wurde das Instrument „Gratitude Letter"® (zu Deutsch: Dankbarkeitsbrief) verwendet. Die Geschäftsführer wurden aufgefordert, sich gegenseitig einen Dankbarkeitsbrief zu schreiben. In diesem schrieb jeder drei Dinge auf, für die er der anderen Person dankbar ist. Gleichzeitig formulierte jeder an die Adresse des anderen drei Erwartungen für die Zukunft. Im Anschluss wurden die Briefe im Kollegenkreis vorgelesen. Diese Übung stärkt das Bewusstsein für die Hilfe und Unterstützung, die man erfahren hat, und erlaubt auch einen Ausblick auf die Zukunft, indem die Erwartungen an die zukünftige Zusammenarbeit formuliert werden.

Zunächst waren die drei Geschäftsführer etwas verwundert über diese Übung, doch siegte im Laufe der Übung die Freude über das Feedback und den Dank der Kollegen. Viele Dinge, die genannt wurden, waren gar nicht mehr bewusst, und auch deren Wirkung war unterschätzt worden. Positive Emotionen entstanden. Ein Wandel in der Einstellung zueinander wurde zunehmend sichtbar.

Die Geschäftsführer vereinbarten am Ende der Übung, nach außen absolute Loyalität zu zeigen und sich nicht mehr öffentlich in negativer Weise über die Kollegen zu äußern. Sie nahmen sich vor, Probleme zeitig innerhalb des Teams anzusprechen und konstruktiv zu lösen. Die Vorbildrolle der Landesgeschäftsführung sollte wieder bewusst gelebt werden. Ab sofort wurde nach außen wieder mit einer Stimme gesprochen, Informationen konnten offen und ehrlich ausgetauscht werden. Von nun an wollte man sich konstruktiv fördern und fordern, sich regelmäßig persönliches Feedback geben und Meinungen offen austauschen.

In Zukunft sollte eine aktive und konstruktive Streitkultur gelebt werden. Das Motto sollte sein: „Wir sind drei gleichwertige Manager und haben eine Vorbildfunktion! Wir haben ein offenes Ohr für die Kommentare der Kollegen! Wir pflegen Nähe und Kommunikation!". Zuständigkeiten und Spielregeln wurden ab jetzt zu hundert Prozent eingehalten. Alle Streitpunkte blieben innerhalb des Teams. Probleme wurden frühzeitig angesprochen und innerhalb des Teams geklärt. Erfahrungen und Ideen wurden eingebracht, und es herrschte eine offene und ehrliche Kommunikation mit Wertschätzung, Anerkennung und Respekt für jeden Managementbereich. Darüber hinaus arbeiteten die Geschäftsführer gemeinsam an den wichtigsten Themen. Man einigte sich auf den Leitsatz: „Wir sprechen mit einer Stimme!". So entstand ein Klima gegenseitigen, proaktiven, positiven Antreibens innerhalb der Geschäftsführung. Im Endeffekt konnten wir so aus einem zerstrittenen und unproduktiven Team durch das Instrument der Wertschätzung und Dankbarkeit ein harmonisches und produktives Team schmieden. Dank dieses wichtigen Elements des Positive Leadership gelang es, in der Praxis herausragende Ergebnisse zu erzielen. Die Produktivität stieg, die Zusammenarbeit verbesserte sich, und das Wohlbefinden der Teammitglieder erhöhte sich. Doch auch der Mut des Vorstandes, nicht zu urteilen und zu entscheiden, sondern die Verantwortung – unter Bereitstellung eines professionellen Coachings – wieder an das Team zurückzugeben, war ungewöhnlich.

Take-Away-Message

Die Positive Psychologie ist eine neue Forschungsrichtung, deren Erkenntnisse auch auf betriebswirtschaftliche Zusammenhänge übertragbar sind.

Positive Emotionen sind für jeden Menschen und damit aus wirtschaftlicher Sicht auch für Unternehmen von großer Bedeutung.

Positive und glückliche Menschen und Mitarbeiter sind leistungsfähiger.

Dankbarkeit kann in Teams die Motivation erhöhen und die Zusammenarbeit nachhaltig verbessern.

1 Positive Leadership mit GRID

Es stellt sich nun die Frage, welche weiteren Felder der Positiven Psychologie relevant für Positive Leadership sind. Ein wichtiger Begriff in diesem Zusammenhang ist das „Psychologische Kapital". Hierzu zählen die Selbstwirksamkeit, die Hoffnung, der Optimismus und die Widerstandsfähigkeit. Diese Begrifflichkeiten werden, anders als im Alltagsgebrauch, als spezifische Konzepte verstanden.

Selbstwirksamkeit ist der Glaube, eigene Ziele auch erreichen zu können. Hoffnung hat derjenige, der sich Wege zur Zielerreichung überlegt und motiviert ist, diese zu gehen. Optimistisch ist jemand, der Positives in der Zukunft erwartet und Erfolge sich selbst zuschreibt. Widerstandsfähigkeit ist die Eigenschaft, trotz Widrigkeiten zurückzufedern, also positiv und voller Ressourcen zu bleiben.

Diese Eigenschaften unterstützen das persönliche Glücksempfinden wie auch die wahrgenommene Zufriedenheit entscheidend. Sie sind darüber hinaus entwicklungsfähig, so dass Mitarbeiter durch gezielte Übungen und Maßnahmen ihre gemessenen Werte in diesen Bereichen nachweisbar verbessern können. Wie eine solche Entwicklung aussieht, werden wir in Kapitel IV aufzeigen.

Positive Leadership wendet Konzepte an, die aus der positiv-psychologischen Forschung stammen und sich in der betriebswirtschaftlichen Praxis zur Schaffung außergewöhnlicher Leistungen bewährt haben (vgl. hier und im Folgenden Creusen/Eschemann (2008)). Dies beinhaltet auch das psychologische Kapital. Es kann als die Basis oder das Fundament aller positiven Führungsansätze angesehen werden. Positive Leadership betrachtet dabei das Wohlbefinden des einzelnen Menschen wie auch die Leistungsfähigkeit der Organisation nicht zuletzt unter Rentabilitätsaspekten. So stellt positive Führung den Menschen und die Profitabilität in den Mittelpunkt. Im Zentrum stehen die vier Komponenten Talente, Engagement, Vision und Beteiligung.

In einem ersten Schritt gilt es, die eigenen Talente (und die der Mitarbeiter) zu identifizieren. Nur wer seine Talente kennt, kann diese auch im Alltag nutzen. Und wer seine Talente nutzen kann, empfindet Glück. In Kapitel II stellen wir Ihnen dieses Konzept vor.

Engagement ist ein Zustand des Flow. Flow bedeutet so viel wie „im Fluss sein". Beim Flow treffen spezielle individuelle Fähigkeiten auf hohe Herausforderungen. Ein „Versinken im Moment" ist die Folge. Die Zeit vergeht wie im Flug. Positive Emotionen werden erfahren. Jeder Mensch sollte folglich bemüht sein, Flowzustände auch im Beruf zu erfahren. Aus Flow entsteht Engagement. Kapitel III zeigt deshalb Wege zu Flow und Engagement auf.

Abbildung 1.1   Der Positive Leadership Ansatz (Quelle: Weiterentwicklung auf der Basis von Creusen/Eschemann (2008))

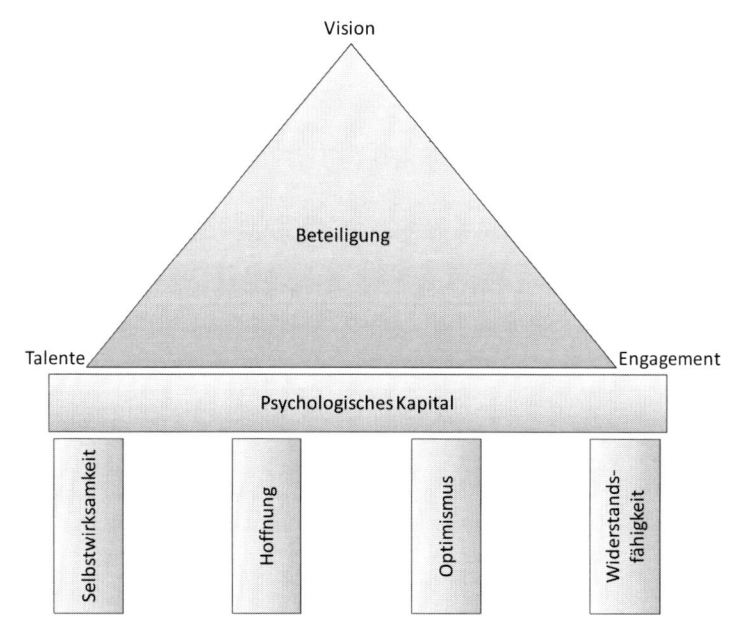

Grundsätzlich strebt der Mensch nach Sinn. In Unternehmen findet dieses Streben Ausdruck in einer Unternehmensvision, an der sich alle Mitarbeiter orientieren können. Sie ordnet das eigene Tun in einen größeren Rahmen ein. Wie dies gelingen kann, diskutieren wir in Kapitel V.

Im Mittelpunkt von Positive Leadership steht die immaterielle Beteiligung der Mitarbeiter. Denn nur wenn Mitarbeiter auf allen Hierarchieebenen beteiligt werden, kann ein Miteinander entstehen, das positive Resultate und Erfolg zur Folge hat. Eines der effizientesten Instrumente zur Beteiligung ist Grid, welches wir Ihnen in Kapitel VI ausführlich näher bringen.

Grid als Modell der Beteiligung von Mitarbeitern

Grid heißt auf Deutsch so viel wie Gitter. Es ist ein Entwicklungsinstrument, das am Verhalten von Mitarbeitern sowie ihren Beziehungen zu anderen Menschen ansetzt (vgl. hier und im Folgenden McKee/Carlson (2007) sowie Creusen/Müller-Seitz (2009)). Dabei sind diese Verhaltensweisen als die Summe ihrer Lebenserfahrungen anzusehen. Diese Erfahrungen sammeln sie sowohl im beruflichen als auch privaten Umfeld.

Grid ist weltweit aktiv. In Deutschland erreichen Sie Grid unter der folgenden Anschrift:

Grid International Deutschland, Brückenstr. 18-20, 51379 Leverkusen, Phone: +49 (0) 2171 394717, Fax: +49 (0) 2171 394719, Web: www.grid-eu.com

Das Grid-Modell verfolgt das Ziel, Mitarbeiter in ihrer persönlichen Entwicklung zu fördern und gleichzeitig die Leistungsfähigkeit der Organisation zu erhöhen. Dazu stellt Grid in einem Gitter, im Sinne eines Koordinatensystems, sieben Führungsstile vor, die Sie in der Praxis in diversen Unternehmenssituationen sicherlich auch schon beobachten konnten. Führungsstile sind Verhaltensweisen, die meist dominant und permanent sind. Allerdings hat jeder Mensch auch sekundäre, temporäre und situative Verhaltensweisen. Stress und Krisen sind klassische Auslöser solcher alternativen Verhaltensmuster. Insofern stellt der alternative Verhaltensstil eine Unterbrechung des Dominanten dar. Dies kennen Sie sicher aus der eigenen beruflichen Praxis. Meist verhalten Sie sich „normal". In speziellen Situationen weichen Sie dann aber von Ihrem Alltagsverhalten ab.

Der Grid-Ansatz gibt gleichzeitig Empfehlungen für Verhaltensänderungen. Der Lernprozess kommt dabei aufgrund unmittelbarer Erfahrungen zustande. Daraus erwachsen Einsichten, die eine innere Umorientierung ermöglichen, die ihrerseits zu neuen Verhaltensstrategien führt.

Die einzelnen Führungsstile lassen sich in einem Koordinatensystem mit den beiden Achsen Personen-/Menschenorientierung und Ergebnis-/Sachorientierung darstellen. Beide Dimensionen können jeweils stark oder schwach ausgeprägt sein.

Sachorientierung umschreibt die Ausrichtung des Verhaltens und der Kommunikation auf Ergebnisse und Resultate, die unmittelbar oder langfristig erreicht werden können. Ein Beispiel für Sachorientierung wäre die Festlegung von Tages-, Wochen- und Monatsabsatzzielen durch die Führungskraft im Rahmen eines Vertriebsmeetings. Die Sachorientierung bildet in der grafischen Abbildung des Grid-Ansatzes die X-Achse.

Die Y-Achse stellt die Menschenorientierung dar und steht für das Maß, in dem Führungskräfte ihr eigenes Handeln reflektieren und verändern. Empathie, also die Fähigkeit sich in andere Menschen hinein fühlen zu können, ist hierzu eine Grundvoraussetzung. Das Abschätzen der Auswirkungen von Entscheidungen auf die Menschen führt zu Vertrauen und ermöglicht den Teammitgliedern einen offenen und ehrlichen Umgang miteinander.

Aus der von Blake und Mouton, den Erfindern des Grid-Modells, definierten Neuner-Skalierung ergeben sich insgesamt 81 Felder im Grid. Praktisch relevant und deutlich voneinander unterscheidbar sind allerdings nur fünf sowie zwei Kombinationen. Es handelt sich dabei um folgende Ausprägungen:

- ■ 9,1 Stil (Hohe Sachorientierung und niedrige Menschenorientierung): Kontrolle im Sinne von Anweisen und Dominieren. Menschen mit einem solchen Stil erwarten Ergebnisse und kontrollieren den Ablauf, indem sie klare Vorgaben machen.

- ■ 1,9 Stil (Niedrige Sachorientierung und hohe Menschenorientierung): Entgegenkommen im Sinne von Nachgeben und Einwilligen. Menschen mit diesem Stil konzentrieren sich darauf, die Harmonie zu stärken bzw. wiederherzustellen. Sie sorgen für Begeisterung, indem sie sich auf die positiven und angenehmen Aspekte der Arbeit konzentrieren.

- 5,5 Stil (Mittlere Sachorientierung und mittlere Menschenorientierung): Status quo im Sinne von Ausgleichen und Kompromisse suchen. Mitarbeiter und Manager mit einem solchen Stil unterstützen populäre Ziele und warnen vor unnötigen Risiken. Sie sondieren, wie ihre Ansichten bei den Beteiligten ankommen.

- 1,1 Stil (Niedrige Sachorientierung und niedrige Menschenorientierung): Gleichgültigkeit im Sinne von Ausweichen und Vermeiden. Menschen mit einem solchen Stil halten sich von aktiver Verantwortungsübernahme fern, um sich nicht in Probleme zu verstricken. Unter Druck verhalten sie sich passiv oder unterstützend.

Abbildung 1.2   Das Grid-Koordinatensystem (Quelle: in Anlehnung an Carlson / McKee / Robinson (2006), S. 42)

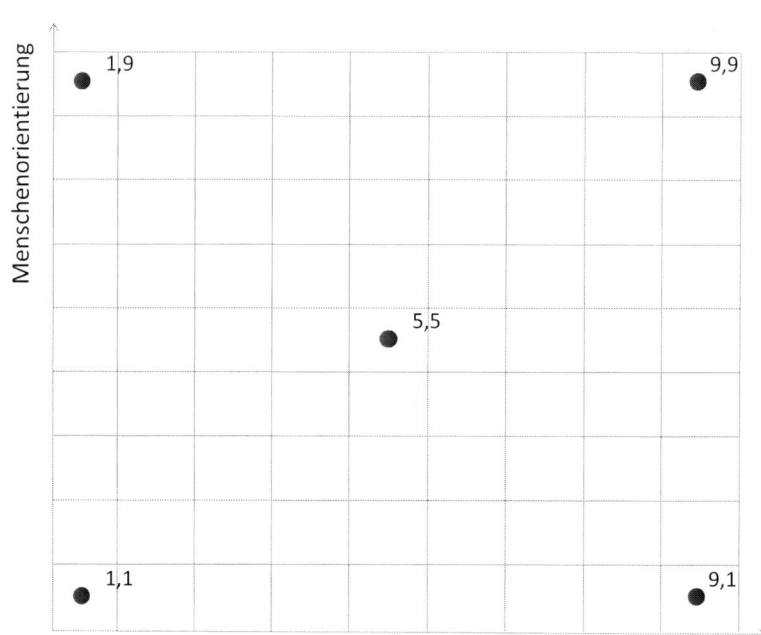

■ PAT Stil (Abwechselnd 9,1 und 1,9, je nach Situation): Patriarch im Sinne von Vorschreiben und Anleiten. Menschen mit diesem Stil verstehen unter Führung, Ziele und Erwartungen für sich und andere festzulegen. Sie bedanken sich für Unterstützung und belohnen diese, während sie Anfechtungen unterbinden.

■ OPP Stil (Einsatz aller Stile, jeweils zum eigenen Vorteil): Opportunist im Sinne von Ausnutzen und Manipulieren. Mitarbeiter und Manager mit einem solchen Stil überreden andere dazu, die Ziele zu unterstützen, die ihnen selbst den größten persönlichen Vorteil einbringen. Um sich einen Vorteil zu sichern, ist ihnen jedes Mittel recht.

■ 9,9 Stil (Hohe Sachorientierung und hohe Menschenorientierung): Leadership mit der Zielsetzung, hohes Engagement bei Mitarbeitern zu erzeugen und dabei gleichzeitig auf optimale Ergebnisse zu achten. Menschen mit diesem Stil initiieren Teamarbeit so, dass die Teammitglieder dazu ermuntert werden, sich einzubringen und zu engagieren. Gemeinsam im Team erörtern sie alle Fakten und Alternativen, damit sich alle gemeinsam auf die beste Lösung verständigen können und so optimale Leistungsergebnisse erzielt werden können.

Die verschiedenen Ausprägungen werden von unterschiedlichen Verhaltensmotiven beeinflusst. Diese Grundwerte und persönlichen Einstellungen sind sozialisationsbedingt. Die Motivation ergibt sich aus dem Bestreben, ein bestimmtes Ergebnis herbeizuführen und ein befürchtetes Ergebnis zu vermeiden. Welche Motivation herrscht bei Ihnen vor? Streben Sie eher auf ein Ergebnis zu, oder versuchen Sie eher etwas Negatives zu verhindern?

Das Verständnis der Grid-Stile bringt drei Vorteile. Wirkungsvolles und wirkungsloses Verhalten am Arbeitsplatz werden anhand des Modells identifiziert. Das eigene Verhalten am Arbeitsplatz und seine Wahrnehmung durch andere werden erkannt. Auch das Verhalten anderer wird deutlich und ein wirkungsvoller Umgang damit möglich.

Grid setzt an drei Ebenen an: der individuellen, der zwischenmenschlichen oder teambezogenen und der organisatorischen.

Auf der individuellen Ebene geht es um das Analysieren, Verstehen und Anpassen des eigenen Führungsstils.

Die Teamebene stellt Teamarbeit als wirksamsten Arbeits- und Umgangs-stil in den Mittelpunkt und umfasst wechselseitige Beziehungen zwischen den sogenannten 4 R's: den Ressourcen (die Fähigkeiten der einzelnen Teammitglieder), den Relationen (die Art der Beziehungen zwischen den Teammitgliedern), den Resultaten der Teamarbeit und der Reflexion, also der Fähigkeit des Teams, aus Erfahrungen zu lernen, um die gemeinsame Leistungsfähigkeit zu optimieren.

Organisatorisch wird der Wandel der Unternehmenskultur betrachtet, der auf den ersten beiden Ebenen aufsetzt und diese in die gesamte Unterneh-mung trägt.

Menschliches Verhalten und seine Auswirkungen auf Leistung und Ergeb-nisse stehen im Mittelpunkt des Grid-Ansatzes. Durch das zur Verfügung gestellte Instrumentarium können Beziehungen, Interaktionen und Ergeb-nisse optimiert werden. Das Grid-Konzept entwickelt dazu das Führungs-verhalten der Organisationsmitglieder.

Abbildung 1.3   Ressourcen, Relationen, Resultate, Reflexion

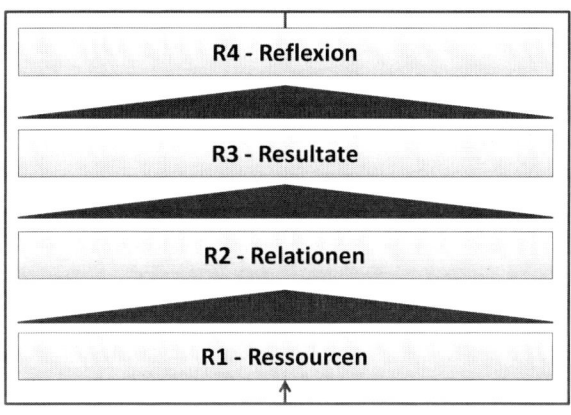

Grid ist ein Instrument, um Wandel und Entwicklung in Organisationen zu fördern. Es vermittelt den wirkungsvollen Umgang mit Menschen, Macht und Beziehungen im Unternehmen. Der Aufbau und die Pflege gesunder

und produktiver Beziehungen, in denen Vertrauen, Respekt und Offenheit herrschen, stehen im Mittelpunkt. Es ist also ein Modell und praktisches Werkzeug, mit dem die menschliche Seite im Unternehmen so wirksam wie möglich zum Tragen kommen soll.

Die Grundidee ist ein Zusammenspiel der schon erwähnten Ressourcen, Relationen, Resultate und Reflexionen. Unter Ressourcen werden u.a. Talente, psychologische Fähigkeiten, Fach- und Branchenkenntnisse und Intelligenz zusammengefasst. Dies sind sogenannte weiche Ressourcen. Im Gegensatz dazu versteht man unter harten Ressourcen u.a. Zeit, Geld, Ausstattung, Arbeitsmenge und ergonomische Aspekte. Beide Arten von Ressourcen können sich gegenseitig fördern oder begrenzen.

Relationen beschreiben die Beziehungsmuster, also zum Beispiel, wie wirksam Kritik geübt, Initiative ergriffen wird, wie Informationen beschafft, Standpunkte vertreten, Entscheidungen getroffen, Konflikte gelöst werden und wie Widerstandsfähigkeit aufgebaut wird. Relationen beschreiben also die Zusammenarbeit am Arbeitsplatz.

Als Resultate sind u.a. Innovationen von Produkten und Dienstleistungen, ein gesteigerter Umsatz, Gewinn und Marktanteil, Produktivitätssteigerungen, Marktanteilsausweitungen sowie Kapitalzuwächse anzusehen. Sie beschreiben die Ergebnisse der Zusammenarbeit am Arbeitsplatz beziehungsweise das Zusammenwirken von Ressourcen und Relationen. Aus Sicht von Positive Leadership sind in diesem Bereich auch das Wohlbefinden und die Zufriedenheit der Mitarbeiter anzusiedeln.

Eine Reflexion stellt am Ende des Prozesses sicher, dass in Bezug auf Ressourcen und Relationen unter Umständen Veränderungen vorzunehmen sind, so dass positive Resultate die Folge sind. Dieser Prozess wird idealerweise immer wieder neu gestartet.

Die Ressourcen haben immer einen mittelbaren Einfluss auf die Resultate und werden von den Relationen beeinflusst, die den Unterschied zwischen Effizienz und Ineffizienz ausmachen. An genau diesen Relationen, also der Qualität der Zusammenarbeit, setzt Grid an, während Positive Leadership auch an den Ressourcen und Relationen ansetzt.

Grundlegende Zielsetzung ist es, Diskussionen zu ermöglichen, ohne andere zu verurteilen oder selbst verurteilt zu werden, da nur das Verhalten, aber nie die Person als solche kritisiert wird. Ziel auf der zwischenmenschlichen und organisationalen Ebene ist die Herstellung guter Beziehungen, bei denen ein hohes Maß an Vertrauen und Respekt herrscht, so dass die Teammitglieder ihre Fähigkeiten einsetzen und verbessern können und optimale Ergebnisse erzielt werden. Grid basiert dabei auf Wertmaßstäben wie Offenheit, Ehrlichkeit, Vertrauen und Respekt.

„Wer in einer Umgebung großen Vertrauens, Respekts und großer Offenheit arbeitet, den wird nichts daran hindern, sein Bestes zu geben." (McKee / Carlson (2008), S. 28).

Abbildung 1.4   Positive Leadership und Grid

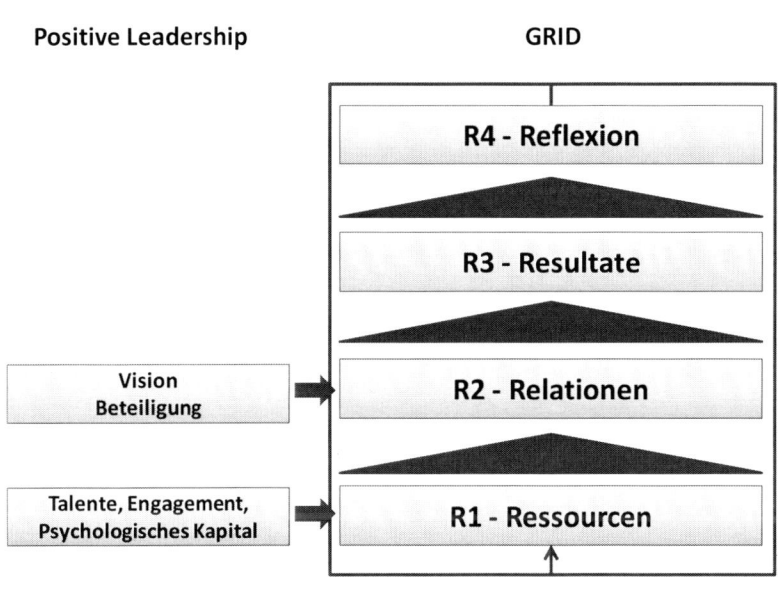

Durch eine Verknüpfung von Grid mit Positive Leadership werden weitere Elemente erfolgreicher Führung, die wissenschaftlich fundiert sind, ergänzt, da dieser Ansatz auf den empirischen Forschungen der Positiven Psychologie basiert.

Doch wie kann Positive Leadership mit Grid verknüpft werden? Talente, Engagement und das psychologische Kapital sind als Ressourcen anzusehen. Eine Sinngebung mittels einer Vision sowie eine Beteiligung können den Relationen zugeordnet werden. Die nachfolgende Abbildung verdeutlicht die Verknüpfung des Positive Leadership Ansatzes und des Grid-Modells.

Take-Away-Message

Positive Leadership basiert auf den vier Komponenten Talente, Engagement, Vision und Beteiligung. Das psychologische Kapital der Mitarbeiter bildet das Fundament.

Grid ist ein bewährtes und erfolgreiches Instrument der immateriellen Beteiligung von Menschen.

Grid unterscheidet zwischen einer Menschen- und Sachorientierung. Eigenes und fremdes Verhalten kann damit analysiert und geändert werden.

Positive Leadership und Grid sind zusammen ein Ansatz, um psychologisches Wohlbefinden und unternehmerischen Erfolg miteinander zu vereinen.

2 Talente und Stärken als Kern eines positiven Lebens

Sie kennen diese Situation wahrscheinlich aus eigener Erfahrung: In Vorstellungsgesprächen wird oft nach den eigenen Talenten oder Stärken gefragt. In der Praxis beobachten wir, dass größtenteils ausweichende, unreflektierte und konfuse Antworten folgen. Dies liegt an der Schwierigkeit, eine entsprechend selbstaufmerksame Haltung zu den eigenen Begabungen einzunehmen. Deshalb fällt es anderen Menschen meist leichter, eine solche Beurteilung vorzunehmen.

Ein erster Forschungsschwerpunkt der Positiven Psychologie war die Auseinandersetzung mit menschlichen Talenten und Stärken. Inzwischen wurden Konzepte aus diesem Forschungsbereich millionenfach angewendet.

In diesem Kapitel erfahren Sie, was ein Talent ist, wie Sie Ihre Talente identifizieren können und wie Sie diese im Alltag nutzen können.

Was ist ein Talent?

Talente und Stärken sind – anders als umgangssprachlich gebraucht – nicht das Gleiche. Gallup definiert wie folgt: Talente sind wiederkehrende Denk-, Gefühls- oder Verhaltensmuster, die produktiv eingesetzt werden können. Es handelt sich um natürliches Verhalten, welches nicht unterdrückt werden kann.

Eine Stärke besteht aus Talenten, Fähigkeiten (dies sind Techniken, wie zum Beispiel das Benutzen des 10-Finger-Systems beim Schreibmaschine schreiben) und Wissen (Erfahrungen und erlerntes Wissen, wie zum Beispiel Produktkenntnisse). Eine konsistente, fast perfekte Leistung, eine Aktivität, bei der man gut ist, bei der man sich stark fühlt, der man immer wieder nachgehen möchte, ist eine Stärke.

„Genauer gesagt wird eine Stärke kontrolliert erzielt, wenn man seine größten Talente durch Praxis verfeinert und mit erlernten fachbezogenen Qualifikationen und Kenntnissen kombiniert." (Rath/Conchie (2009), S. 210).

Talente sind verankert in den menschlichen Gehirnsynapsen und entstehen im frühen Kindesalter. Dann sind die menschlichen Gehirnsynapsen hoch flexibel und überaus aktiv. Zwischen dem dritten und 15. Lebensjahr findet dann eine Selektion der Gehirnsynapsen statt. Das heißt, dass die Gehirnsynapsen, die häufig und erfolgreich genutzt werden, sich verstärken, andere, gar nicht oder wenig genutzte, verfallen. Diese Selektion kann als Herausbildung der Talente, der wiederkehrenden Denk-, Gefühls- und Verhaltensmuster gesehen werden. Das so entstandene neuronale Netz wird dann in der Folgezeit genutzt und verfeinert. Kinder sollten während ihrer Entwicklung in ihren Talenten und Stärken, also in den Bereichen, wo sie besonders erfolgreich sind und positives Feedback bekommen, gefördert werden.

Doch was wird in der Realität gemacht? Sicher kennen Sie das Phänomen, dass Kinder in ihren schlechten Schulfächern Nachhilfe bekommen, gleichzeitig in ihren besonderen Begabungen aber kaum zusätzlich gefördert werden. Das Ziel ist, ihre Schwächen auszumerzen. Das ist besonders anstrengend und führt oft kaum oder gar nicht zum Erfolg. Viel sinnvoller wäre es, die Stärken zu stärken, was das Kernprinzip im Bereich der Talente und Stärken ist, und die Schwächen lediglich in einem vertretbaren Maße zu kompensieren.

Die Talente verändern sich ab der Pubertät in nur sehr geringem Maße. Man sollte sich bemühen, die persönlichen Talente und Stärken zu erkennen und diese dann bestmöglich im beruflichen und privaten Bereich einzusetzen. Wird die Stärkenorientierung unternehmensweit eingesetzt, so ist der Aufbau einer stärkenorientierten Organisation möglich. Wohlbefinden und unternehmerischer Erfolg sind die Folge.

Die Konzentration auf die Stärken einer Person hat wirkungsvolle Effekte: Auf der individuellen Ebene treten Verhaltensänderungen auf, da die eigenen Stärken besser im Berufsalltag genutzt werden. Die Arbeitsproduktivität steigt, Arbeitsengagement, Umsatz und Kundenzufriedenheit nehmen nachgewiesenermaßen zu. In schulischen Umfeldern konnte gezeigt werden, dass eine Konzentration auf die Stärken mit einer Verbesserung der Noten einhergeht. In Unternehmungen beobachtet man eine Zunahme von allgemeinem Engagement und positivem Verhalten. Auch nahmen Hoffnung, subjektives Wohlbefinden sowie Selbstvertrauen zu.

Wie finden Sie Ihre Talente heraus? –
Der Clifton StrengthsFinder®

Es gibt mehrere Instrumente, die helfen, die persönlichen Verhaltensweisen herauszuarbeiten. In diesem Buch möchten wir Ihnen zwei Instrumente vorstellen, die ihren Ursprung in der Positiven Psychologie haben und sehr weit verbreitet sind.

Ein Konzept, das auf den Talenten basiert, ist der Clifton StrengthsFinder®. Obwohl das Instrument als Clifton StrengthsFinder® bezeichnet wird, misst es eigentlich die Talente, die der Entwicklung von Stärken zugrunde liegen. Es wurde von den beiden bekannten Sozialwissenschaftlern Marcus Buckingham und Donald O. Clifton entwickelt. Es hilft dem Durchführenden, die eigenen Talente herauszufinden, um diese wiederum besser nutzen und dadurch Leistung und Wohlbefinden maximieren zu können.

„Der Clifton StrengthsFinder® (CSF®) ist ein Onlinewerkzeug für die Erfassung persönlicher Talente und identifiziert die Bereiche mit dem größten Potenzial für den Ausbau von Stärken. Indem er die Talentthemen benennt, ist der CSF ein Ausgangspunkt für die Identifizierung spezifischer persönlicher Begabungen, und mit den dazugehörigen Hilfsmaterialien kann man darauf aufbauen, um im Rahmen seiner beruflichen Position Stärken zu entwickeln." (Rath / Conchie (2009), S. 209).

Es liegen Erfahrungen mit diesem Instrument aus circa 50 Ländern und diversen Branchen vor. Mehr als zwei Millionen Menschen haben den Clifton StrengthsFinder® bisher durchlaufen. Er ist in mehr als 24 Sprachen durchführbar. Buckingham und Clifton sind der Meinung, dass ein Talent weder gut noch schlecht ist. Vielmehr führt die individuelle Kombination von spezifischen Talenten zu herausragenden Leistungen. Der Clifton

StrengthsFinder® definiert 34 Talente in vier Kategorien: Beziehungsaufbau, Einfluss, Durchführung sowie strategisches Denken (vgl. für eine Auflistung aller 34 Talente den Anhang 1).

Der Clifton StrengthsFinder® ist ein internetbasiertes Instrument zur Messung der eigenen Talente. Der Test kann auf der Seite www.strengthsfinder.com durchgeführt werden. Hierfür ist ein entsprechender Pincode notwendig. Man wählt die Sprache (hier ist die Muttersprache immer empfehlenswert) und durchläuft zunächst ein paar statistische Datenabfragen. Das Instrument selbst besteht aus 180 Aussagenpaaren, die es zu bewerten gilt. Pro Aussagenpaar hat man 20 Sekunden Zeit. Die Zeitlimitierung sorgt dafür, dass die ursprünglichen, spontanen Denk-, Gefühls- und Verhaltensmuster herausgearbeitet werden. Entscheidet man sich nicht in der vorgegebenen Zeit, wird mit dem nächsten Aussagepaar fortgefahren. Nach Abschluss erscheinen die ersten fünf Talente als Textbausteine auf dem Bildschirm. Obwohl es sich um aussagekräftige Beschreibungen handelt, ist ein individuelles Coachinggespräch mit einem zertifizierten StrengthsCoach™ empfehlenswert, um ein besseres Verständnis und weitere Anregungen zur Nutzung der Talente im Alltag herauszuarbeiten. Denn je besser man seine Talente kennt und prägnant benennen kann, umso leichter fällt es, sie anderen auch deutlich zu machen und aktiv in die (Team-) Arbeit einzubringen.

Stärken = Talente + Fähigkeiten + Wissen – Der PLUS-Test®

Auf dem Clifton StrengthsFinder® aufbauend, kann der Durchführende nun in weiteren Coachings seine persönlichen Stärken (Stärken sind eine Kombination aus Fähigkeiten, Wissen und Talenten, den wiederkehrenden Denk-, Gefühls- und Verhaltensmustern) analysieren und definieren. Durch einen einfachen, aber effektvollen Test, den PLUS-Test® von Positive Leadership, können Sie überprüfen, ob es sich um eine echte Stärke handelt. Wenn die nachfolgenden Bereiche von Ihnen bejaht werden, so kann man von einer echten, wahrnehmbaren und förderungswürdigen Stärke sprechen:

■ P = Performen: Ich habe eine Begabung für diese Aktivität und bekomme Anerkennung dafür.

■ L = Lernen: Ich freue mich immer sehr darauf, mir neue Fähigkeiten und Techniken rund um diese Aktivität anzueignen.

- U = Umsetzen: Diese Aktivität geht mir leicht von der Hand.

- S = Spaß: Die Ausübung dieser Aktivität macht mir Spaß und erfüllt mich mit Zufriedenheit.

Machen Sie sich doch einmal Gedanken darüber, welche Stärken Sie haben. Gehen Sie dazu systematisch verschiedene Lebensbereiche durch und wenden Sie unseren PLUS-Test® an.

Darüber hinaus können Sie die folgenden fünf Leitfragen täglich nutzen, um Ihre Stärken über einen Zeitraum von einigen Wochen zu identifizieren:

- Auf welche Tätigkeiten habe ich mich heute gefreut?

- Was habe ich heute richtig gern getan, was hat mir Energie gegeben?

- Gab es heute eine Aktivität, nach der ich mich großartig gefühlt habe?

- Welche Gelegenheiten ergeben sich morgen, Dinge zu tun, die ich besonders gern tue und gut kann?

- Wen kenne ich, der das, was ich gern tue, noch besser macht als ich und was kann ich von dieser Person lernen?

Es ist möglich, dass zwei verschiedene Mitarbeiter oder Manager identische Erwartungen haben. Auf welchem Weg sie ihre Ziele erreichen, hängt aber immer von der individuellen Kombination ihrer Stärken ab.

Sie sollten sich im Klaren darüber sein, wer Sie sind und wer Sie nicht sind. Machen Sie sich Ihre Stärken ganz bewusst.

Was sind Charakterstärken, und wie ermitteln Sie Ihre? - Der VIA-Test

Darüber hinaus gibt es noch das Konzept der „Charakterstärken" von den Professoren Marty Seligman und Chris Peterson (vgl. Seligman (2002). Bei diesem Instrument spricht man von Tugenden. Tugenden und Charakterstärken sind Synonyme.

Historisch betrachtet entstammen die Gedanken über Tugenden und die aus diesen abgeleiteten Charakterstärken philosophischen, religiös-theologischen, pädagogischen und natürlich psychologischen Überlegungen. Obwohl in dem Wort Charakterstärke auch der Begriff Stärke steckt, wird dieser hier nicht nach der obigen Definition verwendet.

Charakterstärken, also Tugenden, ermöglichen positive Erfahrungen. Damit menschliche Tugenden, im psychologischen Sinne, als solche angesehen werden können, müssen sie zu einem befriedigendem Umfang eine Vielzahl von Kriterien erfüllen: Sie müssen eine kulturübergreifende Gültigkeit besitzen, zur individuellen Erfüllung beitragen, moralisch werthaltig, von anderen beobachtbar und stabil sowie messbar sein, etwas Vorbildhaftes an sich haben und sozial erwünscht sein.

Diese Definitionen und Kriterien fanden ihren Ausdruck in zwei Dutzend Charakterstärken, die sich sechs übergeordneten Themen zuordnen lassen. Diese Klassifizierung trägt den Namen Values in Action (VIA) Classification of Strengths. Die sechs übergeordneten Themenbereiche lauten:

Tabelle 2.1	VIA Charakterstärkenklassifikation (Quelle: in Anlehnung an Peterson / Park (2009), S. 28)
Weisheit und Wissen (wahrnehmungsorientierte Charakterstärken, die die Akquisition und den Gebrauch von Wissen fördern)	
Kreativität: Das Erdenken neuer und produktiver Wege, Aufgaben zu erfüllen	
Neugierde: Interesse an den aktuellen Handlungen und der gegenwärtigen Umgebung	
Aufgeschlossenheit: Situationen durchdenken und von allen Seiten betrachten	
Wissbegierde: Neue Fähigkeiten, Themen und Wissensgebiete beherrschen	
Durchblick: Fähig sein, andere weise zu beraten	

Courage (emotionale Charakterstärken, die Willensstärke beinhalten, um Ziele trotz externer und interner Widrigkeiten zu erreichen)

Authentizität: Die Wahrheit/eigene Überzeugungen aussprechen, sowie sich selbst aufrichtig darstellen

Mut: Nicht vor Bedrohungen, Herausforderungen, Schwierigkeiten oder Mühe zurückschrecken

Beharrlichkeit: Dinge, die man angefangen hat, auch zu Ende bringen

Lust: Das Leben mit Eifer und Energie angehen

Menschlichkeit (zwischenmenschliche Charakterstärken, die das Kümmern und Informieren beinhalten)

Liebenswürdigkeit: Anderen einen Gefallen tun, sowie allgemein gute Taten vollbringen

Liebe: Wertschätzung naher Beziehungen mit anderen

Soziale Intelligenz: Aufmerksam sein bzgl. der Motive und Gefühle bei sich selbst und anderen

Gerechtigkeit (bürgerliche Charakterstärken, die ein gesundes Zusammenleben ermöglichen)

Fairness: Alle Menschen gleich im Sinne von Fairness und Gerechtigkeit behandeln

Führung: Gruppenaktivitäten organisieren und umsetzen

Teamwork: Gut in Gruppen arbeiten können

Mäßigung (Charakterstärken, die vor Übertreibungen schützen)

Vergebung: Menschen, die etwas Falsches getan haben, vergeben

Bescheidenheit: Die eigenen Leistungen für sich sprechen lassen

Umsichtigkeit: Vorsichtig Entscheidungen treffen; nichts tun oder sagen, was man später bereuen würde

Selbstregulation: Regulation der eigenen Emotionen und Handlungen

Erhabenheit (Charakterstärken, die Sinn vermitteln und eine Beziehung zum großen Ganzen formen)

Wertschätzung von Schönheit und Vollkommenheit: Das Wahrnehmen und Schätzen von Schönheit, Vollkommenheit und herausragenden Leistungen in allen Lebensbereichen

Dankbarkeit: Aufmerksam und dankbar sein gegenüber guten Dingen, die einem widerfahren

Hoffnung: Das Beste akzeptieren und daran arbeiten, es zu erreichen

Humor: Spaß am Lachen und Scherzen; andere zum Lächeln bringen

Frömmigkeit: Stimmige Überzeugungen bzgl. einer höheren Bestimmung und eines höheren Sinns zu haben

Bei der VIA Klassifikation handelt es sich um ein konzeptionelles Schema. Es wurde in empirischen Überprüfungen bestätigt.

Die Identifikation der eigenen Charakterstärken nach Seligman und Peterson kann mittels eines tiefenpsychologischen Fragebogens erfolgen. Auf der Internetseite www.authentichappiness.org ist dieses Instrument in englischer Sprache und auf der Internetseite www.charakterstaerken.org in deutscher Sprache nutzbar. Dieses Evaluationsinstrument enthält 240 Fragen, die in einem Zeitrahmen von circa 30 Minuten beantwortbar sind. Es gibt keine zeitliche Beschränkung. Die Fragen bestehen aus Aussagen, denen man entweder gar nicht (1), nicht (2), weder noch (3), doch (4) oder vollständig (5) zustimmen kann. Im Ergebnis werden die 24 Signaturstärken individuell in eine Reihenfolge gebracht. Die fünf höchsten Ausprägungen können Sie als Ihre Charakterstärken interpretieren, die niedrigsten Ausprägungen als Ihre Charakterschwächen. Sie erhalten zu der Standardauswertung wie beim Clifton StrengthsFinder® Textbausteine, die eine Erläuterung Ihrer Charakterstärken liefern.

Talente und Teams - Das Konzept des Team Match von Positive Leadership

„Erfolgreiche Führungskräfte umgeben sich mit den richtigen Leuten und bauen auf die Stärken jedes Einzelnen. In den meisten Fällen sind Führungsteams allerdings eher Zufallsprodukte als die Ergebnisse sorgsamer Gestaltung. Bei den Führungsteams, die wir untersuchten, waren die Mitglieder in erster Linie aufgrund von Wissen oder Kompetenz ausgewählt worden. Der beste Verkäufer wird also Verkaufsleiter, selbst wenn er Mitarbeiter eigentlich nicht besonders gut führen kann. Der cleverste IT-Mitarbeiter wird zum Leiter der Informationstechnologie, der beste Finanzexperte zum Chef des Finanzwesens und so weiter." (Rath / Conchie (2009), S. 29).

Dieses Zitat verdeutlicht bereits, dass es in der Praxis vielfach zu Fehlern bei der Teamzusammenstellung kommt. Talente und Stärken können auch in Teamzusammenhängen genutzt werden. Im Sinne einer effizienten und erfolgreichen Zusammenarbeit im Team ist es besonders wichtig, die Talente und Stärken des Einzelnen mit denen des Teams in Einklang zu bringen. Dies kann mittels des sogenannten „Team Match" von Positive Leadership gelingen. So haben wir in der Praxis beobachtet, dass es gewisse Kernkompetenzen gibt, die Führungskräfte erfüllen sollten – und dies meist branchenübergreifend. Aus diesen haben wir dann Teamkategorien abgeleitet.

Das Prinzip erschließt sich intuitiv. Teams lernen sich auf der Basis ihrer Talente und Stärken kennen. Ein solches Kennenlernen ist die Basis für ein gegenseitiges Verständnis und Interesse. Dafür werden zuerst die Talente und Stärken der Teammitglieder ermittelt. Die Ergebnisse werden der Gruppe durch einen geschulten und zertifizierten StrengthsCoach™ vorgestellt. Sodann werden die Talente und Stärken der Teammitglieder einander gegenübergestellt, kommentiert und diskutiert. Hervorragende Teamarbeit deckt nach unserem Positive Leadership Ansatz die folgenden acht Kategorien ab:

1. Analytische Kompetenz

2. Neugier / Flexibilität / Markt- und Kundenorientierung / Veränderungskompetenz

3. Zukunftsorientierung / Strategische Kompetenz

4. Vertrauen / Soziale Kompetenz / Teamorientierung

5. Ziel- und Ergebnisorientierung / Leistungsorientierung

6. Selbstbewusstsein / Führungsfähigkeit / Konfliktmanagement

7. Verlässlichkeit

8. Kommunikation

„Anstelle einer dominanten Führungspersönlichkeit, die sich bemüht, alles gleichzeitig zu realisieren, oder verschiedener Individuen, die alle ähnliche Stärken haben, schaffen Anteile aller […] Kategorien ein starkes und eng verbundenes Team. Individuen brauchen nicht vielseitig zu sein, aber Teams sollten es sein." (Rath / Conchie (2009), S. 31).

Talente, Stärken und Charakterstärken in der Praxis

Bei der Praxisumsetzung sollte man in drei Schritten vorgehen: Erstens gilt es, die eigenen Talente, Stärken oder Charakterstärken zu identifizieren und zwar mittels der im vorherigen Abschnitt aufgezeigten Methoden.

Zweitens sollten diese identifizierten Talente, Stärken oder Charakterstärken in die eigene Selbstwahrnehmung eingebaut werden. Ihre Kenntnis führt zu einer intensiveren und differenzierten Wahrnehmung der alltäglichen Arbeitsaufgaben und -abläufe. So können Aufgaben identifiziert werden, bei denen die eigenen Talente, Stärken oder Charakterstärken voll einsetzbar sind. Dadurch wird letztendlich die erforderliche Eigenwahrnehmung für den nächsten Schritt aufgebaut.

Drittens sollte es zu einer Verhaltensänderung kommen, so dass die Talente, Stärken oder Charakterstärken im beruflichen und privaten Alltag intensiv genutzt werden. Höhere Effizienz, gesteigerte Produktivität und Glücksempfinden sind positive Folgen. Durch den gezielten, wiederholten Einsatz der eigenen Talente, Stärken oder Charakterstärken kommt es darüber hinaus zu einer weiteren und intensiveren Ausprägung.

Beispiel Thomas Johann: Talent Learner®/Wissbegierde

Schon in meiner Kindheit war ich sehr neugierig und wissbegierig. Diese positive Form der Gier äußerte sich bei mir in dem Sinne, dass ich mir schon früh eigene Themenfelder erarbeitet und Wissen angeeignet habe.

Dies ist auch heute noch so. Hat irgendetwas mein Interesse hervorgerufen, dann beschäftige ich mich automatisch mit den Hintergründen. Ich versuche ein tiefes Verständnis aufzubauen. Ist mir dies erst einmal gelungen, merke ich mir die Sachverhalte sehr gut. Außerdem spreche ich gerne über die Themen, die mich interessieren.

Meist spielt es keine Rolle, aus welchem Bereich das Objekt meines Interesses stammt. Psychologische, politische, wirtschaftliche, physikalische oder Sportthemen stehen bei mir hoch im Kurs.

In der täglichen Arbeit muss ich mich allerdings anstrengen, eine Aufgabe nach der anderen zu erledigen. Aufgrund meines Interesses laufe ich immer Gefahr, mich ablenken zu lassen.

Ich habe mir bisher immer Jobs gesucht, in denen ich meine Neugierde ausleben konnte. Eine monotone Tätigkeit, bei der immer die gleichen Tätigkeiten ausgeübt beziehungsweise das gleiche Wissen eingesetzt werden, kommt für mich nicht in Frage.

Ein Beispiel - Die erfolgreiche Integration eines Geschäftsführers ins Team

„Nur selten werden Menschen für ein Führungsteam ausgewählt, weil ihre Stärken am besten mit denen der vorhandenen Teammitglieder korrespondieren. Wann haben Sie das letzte Mal eine Führungskraft sagen hören, dass ihr Team jemanden bräuchte, der nicht nur die technische Kompetenz hat, sondern auch einen stärkeren Gruppenzusammenhalt aufbauen kann? [...] In den allermeisten Fällen rekrutieren wir aufgrund der beruflichen Funktion – und vernachlässigen dabei die individuellen Stärken." (Rath / Conchie (2009), S. 29).

Das folgende Beispiel verdeutlicht, wie man Teams richtig zusammenstellt. Die Landesgeschäftsführung eines international erfolgreichen Handelskonzerns besteht aus zwei Führungskräften: Einer verantwortet Marketing und Vertrieb, der andere den Einkauf und die Administration. Fachliche Probleme im Geschäftsbereich Vertrieb und ein mangelndes Verständnis für die Mitarbeiter (fehlende soziale Kompetenz) führten zu einer Überforderung eines Geschäftsführers, so dass dieser kündigte. Die Suche nach einem Nachfolger wurde durch den Clifton StrengthsFinder® ergänzt. Eine alleinige Personalauswahl durch den Clifton StrengthsFinder® ist nicht möglich, da das Instrument kein Selektionsinstrument darstellt – es deckt für die Auswahl von Personal wichtige Bereiche nicht ab. Der Clifton StrengthsFinder® ist ein Instrument zur persönlichen Weiterentwicklung.

Konkret bedeutet das in unserem Bespiel: Nachdem die Entscheidung für einen Kandidaten aufgrund des detaillierten und strukturierten internen Selektionsprozesses und wichtiger persönlicher Gespräche mit allen Entscheidungsträgern getroffen wurde, bietet man dem Kandidaten und seinem Kollegen an, die zukünftige Zusammenarbeit von Beginn an auf eine solide Basis zu stellen und die Teamarbeit aus Sicht der Talente des Clifton StrengthsFinder® und der Kategorien für positive Teamarbeit aus dem Positive Leadership Ansatz in einem Teamentwicklungsprozess offen zu reflektieren. Beide Personen finden diesen Ansatz sehr interessant und lassen sich gerne darauf ein. Die sehr positive, kommunikative und leistungsorientierte Einstellung des neuen Teammitgliedes, seine hohe soziale Kompetenz, die Fähigkeit, genau hinzuhören und sich einzufühlen, bilden ein hilfreiches Gegengewicht zu der besonders analytischen und flexiblen Fähigkeit des bestehenden Landesgeschäftsführer. So entsteht in der Teamarbeit, aber auch in der internen Zusammenarbeit, anders als beim Vorgänger, schnell Vertrauen.

Ebenso wird bei diesem „Aufsetzen" der Zusammenarbeit geschaut, wie das neue Team in der Zusammenarbeit mit den Geschäftsführern der Muttergesellschaft agiert. Durch die talentorientierte Teamentwicklung entsteht hohe Offenheit und Klarheit, die zum großartigen Erfolg der Zusammenarbeit nachhaltig beitragen.

Heute arbeiten die beiden Landesgeschäftsführer sehr gut zusammen, nutzen gegenseitige Talente bewusst durch einen intensiven, direkten und schnellen Austausch. Jeder bringt seine Talentbesonderheiten ein und verlässt sich auf seinen Partner. Die gemeinsam geführte Grundwertedefinition hat sicherlich zusätzlich eine besondere Basis und Abgestimmtheit in der Zusammenarbeit geschaffen.

Das Zusammenspiel der beiden Landesgeschäftsführer erhält ein sehr positives Feedback durch die Mitarbeiter, die gerade die Grundhaltung der beiden besonders hervorheben. Das Landesgeschäftsführungsteam ist Vorbild für die Manager und Mitarbeiter und gibt wichtige Impulse für eine konstruktive, aufbauende Zusammenarbeit.

Mittels der gezielten Nutzung der talentorientierten Teamentwicklung aus dem Positive Leadership Ansatz – besonders für ein gerade entstehendes Team – ist es uns gelungen, Wohlbefinden und unternehmerischen Erfolg miteinander zu vereinen. Stabile und vertrauensvolle Arbeitsbeziehungen sind die Folge.

Take-Away-Message

Talente sind wiederkehrende Denk-, Gefühls- oder Verhaltensmuster, die produktiv eingesetzt werden können. Es handelt sich um natürliches Verhalten, welches nicht unterdrückt werden kann.

Sie können Ihre Talente mittels des Clifton StrengthsFinder® identifizieren.

Stärken sind eine Kombination von Talenten, Fähigkeiten und Wissen.

Ein weiteres Konzept aus der Positiven Psychologie ist das der Charakterstärken. Charakterstärken sind ein Synonym für Tugenden.

Ihr Ziel sollte es sein, Ihre Talente und Stärken in Ihren Berufsalltag und in der Freizeit größtmöglich zu nutzen. Glücksempfinden und eine höhere Produktivität sind die Folge.

Auf Teamebene kann der Team Match helfen, Teamarbeit bewusst zu initiieren.

3 Engagement – positive Emotionen erfahren bei maximaler Leistungsfähigkeit

Engagiert sind Mitarbeiter, wenn sie im Flow sind. Flow heißt im Englischen so viel wie fließen oder im Fluss sein (vgl. hier und im Folgenden Nakamura/Csikszentmihalyi (2009) sowie Creusen/Müller-Seitz (2009)). Wer im Flow ist, kann Außergewöhnliches leisten. In diesem Kapitel erfahren Sie, was sich hinter dem Flow-Konzept verbirgt, wie Flow und Engagement zusammenhängen und wie Sie beides im Alltag für sich nutzen können.

Flow als Grundlage von Engagement

Namensgeber des Flow-Konzeptes ist der ungarisch-amerikanische Psychologe Prof. Mihalyi Csikszentmihalyi („Tschik-Sent-Mi-Hayi" ausgesprochen). Er untersuchte die Arbeitsweise von Künstlern und beobachtete, dass sich einige während der Arbeit in einem tranceähnlichen Zustand befanden. Sie vergaßen das Essen, Trinken und machten auch keine Pausen. Sie versanken in ihrem Tun und gingen in der Tätigkeit auf. Die Zeit verging wie im Flug.

Interessant ist, dass dieser Zustand des Eintauchens in eine Tätigkeit meistens nicht beim Nichtstun oder im Urlaub auftritt, sondern bei der Arbeit oder der Bewältigung von anspruchsvollen Aufgaben. Man könnte auch sagen, dass Flow ein Höchstmaß an Leistung bei einem gleichzeitigen Maximum von Spaß, Freude und Identifikation mit der Tätigkeit ist.

Das Erleben von Flow ist dabei von sieben Faktoren beziehungsweise Umständen abhängig (vgl. hier und im Folgenden Csikszentmihalyi (1975, 2000) sowie Creusen/Müller-Seitz (2009)). Erstens hat das Alter einen entscheidenden Einfluss. Mit steigendem Alter kommt es zu einer eingeschränkten Wahrnehmung der Umwelt und einem Nachlassen der motorischen Fähigkeiten, so dass nicht mehr bei jeder Aktivität ein Flow-Erleben möglich ist.

Zweitens sind die soziale Schichtzugehörigkeit sowie gesellschaftliche Zustände wichtig. Diese beiden Faktoren entscheiden darüber, in welcher Aktivität man Flow erleben kann. So ist das Spielen eines bestimmten Musikinstrumentes beinahe so klassenspezifisch wie der Wohnort oder die besuchte Schule. Eine gesellschaftliche Entfremdung oder Isolation vermindern ebenfalls die Möglichkeiten, Flow zu erleben.

Drittens bestimmen individuelle Fähigkeiten das Flowempfinden. Physische und psychische Unterschiede beeinflussen dieses Empfinden. Langeweile, Apathie oder Angst treten von Mensch zu Mensch unterschiedlich auf.

Viertens führen kulturelle Belohnungen zu Unterschieden. Manche Tätigkeiten werden in unterschiedlichen Ländern verschieden stark sozial akzeptiert. Dies hat Auswirkungen auf das individuelle Flowerleben und die Flowtätigkeiten.

Fünftens ist das Geschlecht ausschlaggebend. So haben Männer aufgrund ihres Körperbaus bei physisch anspruchsvollen Tätigkeiten einen Vorteil. Während beispielsweise ein männlicher Lagerarbeiter im Flow sein kann, könnte eine Frau körperlich überfordert sein.

Sechstens spielt die Sozialisation eine wichtige Rolle. Die individuelle Erziehung führt zu unterschiedlichen physischen und psychischen Ausprägungen und beeinflusst somit späteres Flowerleben.

Siebtens kommt es auf psychologische Merkmale an. Einschneidende Lebensereignisse oder psychische Erkrankungen können das Flowerleben negativ beeinflussen. Weiterhin sind übertriebene Schüchternheit und Egozentrik hinderlich.

Wissenschaftlich formuliert ist Flow ein Zustand, bei dem spezielle Fähigkeiten und hohe Herausforderungen zusammentreffen. Ein Versinken im Moment ist die Folge, so dass es zu einer rein intrinsischen, also innerlichen, Motivation kommt, dank derer man sich selbst herausfordernde Ziele setzt. Damit Flowzustände auftreten, bedarf es einer Reihe von Voraussetzungen. Die Ziele müssen erstens selbst gesteckt werden. Zusätzlich muss es während der Tätigkeit zu kontinuierlichen und unmittelbaren Rückmeldungen über den Erfolg kommen. Gleichzeitig müssen eigene Fähigkeiten eingesetzt werden. Steuerung und Kontrolle der Tätigkeit müssen möglich sein, obwohl der aktuelle Ausgang offen ist. Und schließlich ist eine hohe Konzentration notwendig, so dass die Aufmerksamkeit auf ein begrenztes Feld von Stimuli gerichtet wird und andere Aspekte fast vollständig ausgeblendet werden.

Im Flowzustand kommt es dann zu einer nahtlosen Erfahrungsentfaltung von einem Moment zum anderen, einer intensiven und fokussierten Konzentration auf den gegenwärtigen Moment, einem Verschmelzen von Handlung und Bewusstsein. Gleichzeitig kommt es zum Verlust der sogenannten reflektiven sozialen Befangenheit, der subjektiven Kontrollwahrnehmungen, dem Verlust des Zeitempfindens, sowie zu einer inneren, belohnenden Wahrnehmung.

Abbildung 3.1 Flow als Zustand (Quelle: in Anlehnung an Nakamura/ Csikszentmihalyi (2009), S. 201)

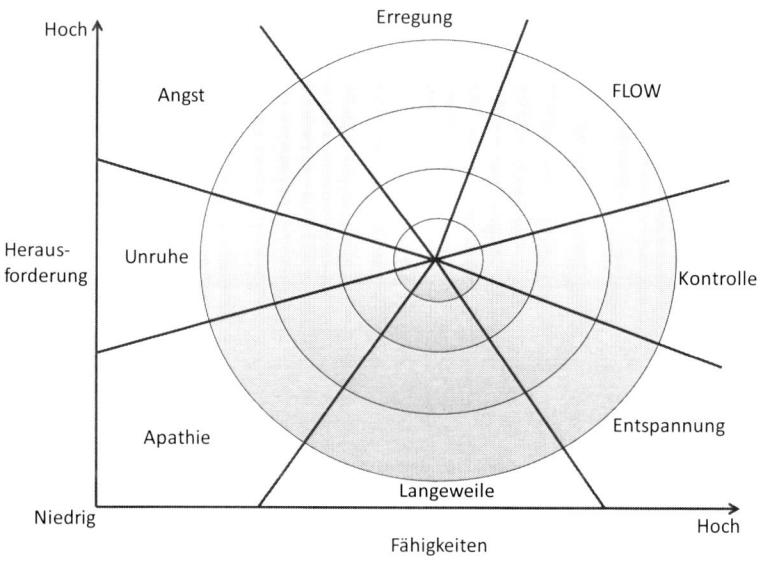

Im Flow operieren Menschen mit voller Kapazität. Sie befinden sich in einem dynamischen Gleichgewicht. Gedanken, Gefühle, Wünsche und Handlungen sind im Flowzustand in Harmonie. Da die Motivation dem eigenen Inneren entspringt, versucht die Person, diesen Zustand auch zukünftig wiederherzustellen, was zu persönlichem Wachstum und Entwicklung führt, da Fähigkeiten durch herausfordernde Tätigkeiten auf- und ausgebaut werden. Folglich bedarf es komplexer und anspruchsvoller Beschäftigungen, um Flow zu erfahren. Flow steigert auch Selbstwirksamkeitsüberzeugungen sowie die Widerstandsfähigkeit.

Neben dem in **Abbildung 3.1** aufgezeigten Flowzustand ist auch die Entspannung innerlich motiviert. Alle anderen Zustände werden aktiv und passiv vermieden.

Flow ist ein individueller Zustand. Auf der organisationalen Ebene spricht man von Engagement. Flow ist insofern eine Voraussetzung für Engagement. Damit sämtliche Mitarbeiter engagiert sind, müssen laut den empirischen Untersuchungen Gallups eine Reihe von Voraussetzungen erfüllt sein.

Zunächst müssen die Grundbedürfnisse befriedigt werden: So müssen die Mitarbeiter wissen, was bei der Arbeit von ihnen erwartet wird, und sie brauchen die notwendigen Materialien und Arbeitsmittel, um die Arbeit richtig erledigen zu können. Nur dann kann Flow überhaupt empfunden werden.

Im Weiteren bedarf es der Unterstützung der Mitarbeiter: Sie müssen die Gelegenheit haben, das zu tun, was sie am besten können. Sie müssen für gute Arbeit Anerkennung und Lob bekommen. Der oder die Vorgesetzte muss sich für die Mitarbeiter als Menschen interessieren. Die Entwicklung der Mitarbeiter muss gefördert werden, so dass höhere Fähigkeiten mit höheren Herausforderungen kombiniert werden können und somit wiederum Flowzustände ermöglicht werden.

Nun gilt es, die Teamarbeit zu fördern: Die Meinungen und Vorstellungen der Mitarbeiter müssen zählen. Die Ziele und die Unternehmensphilosophie müssen den Mitarbeitern das Gefühl geben, dass ihre Arbeit wichtig und sinnvoll ist. Die Mitarbeiter sollen aus eigenem inneren Antrieb heraus Arbeit von hoher Qualität erbringen. Außerdem wirkt es sich positiv aus, wenn sie in der Firma Freundschaften schließen.

Und schließlich ist es förderlich, Mitarbeitern Wachstum zu ermöglichen: Es muss mit diesen über die Fortschritte gesprochen werden. Die Mitarbeiter müssen bei der Arbeit die Chance haben, Neues zu lernen und sich weiterzuentwickeln.

Wie misst man Flow und Engagement?

Grundsätzlich sollte der Tagesablauf der Mitarbeiter auf Flowerfahrungen hin analysiert werden. Hierzu eignet sich die „Experience Sampling Method" (ESM). Mittels beispielsweise der Verwendung eines elektronischen Gerätes wird der Mitarbeiter – über den Tag verteilt – in unregelmäßigen Abständen aufgefordert, seine momentane Aktivität und seine Empfindungen zu beschreiben.

Hierzu werden die folgenden Fragen verwendet:

- Was tun Sie gerade?

- Sind Sie alleine oder mit anderen Menschen zusammen und wenn ja, mit wem?

- Wie glücklich auf einer Skala von 0 bis 10 sind Sie momentan?

- Wie stark auf einer Skala von 0 bis 10 konzentrieren Sie sich auf Ihre aktuelle Tätigkeit?

- Nutzen Sie spezielle persönliche Fähigkeiten zum Ausführen Ihrer Tätigkeit?

  a. Keine speziellen Fähigkeiten sind notwendig
  b. Wenige spezielle Fähigkeiten sind notwendig
  c. Mäßige spezielle Fähigkeiten sind notwendig
  d. Hohe spezielle Fähigkeiten sind notwendig

- Fühlen Sie sich momentan gut?

- Wie motiviert auf einer Skala von 0 bis 10 sind Sie während dieser Aktivität?

- Wie herausfordernd auf einer Skala von 0 bis 10 ist Ihre aktuelle Tätigkeit?

Die so ermittelten Aktivitäten können dann in drei Klassen eingeteilt werden, so dass Flowzustände identifiziert werden:

1. Produktive Aktivitäten wie beispielsweise Arbeit, Fortbildung, Lösung von Arbeitsproblemen, Tagträumen über Arbeitsprojekte,

2. Freizeitaktivitäten unterteilt in passive (TV-Konsum, Ausruhen, faul sein) und aktive (Sport, Hobbys, Musizieren, Konzert- oder Theaterbesuche, Kochen, Sozialisieren) sowie

3. Alltagstätigkeiten wie Einkaufen, Saubermachen, Warten.

Praxisumsetzung - Regelmäßiges Messen führt zu Veränderung

Das übergeordnete Ziel einer Messung ist die schrittweise Ausweitung von Flowzuständen und Engagement. Dazu sollten die Aktivitäten des Mitarbeiters an Komplexität zunehmen, ohne dass es zu einer Überforderung kommt. Durch diese Lerneffekte verbessern sich die individuellen Fähigkeiten. In der Folge können wiederum die Anforderungen leicht erhöht werden. Im Idealfall kommt es zur Ausprägung einer Aufwärtsspirale.

Grundsätzlich sind Menschen immer dann mit ihrer Arbeitstätigkeit zufrieden und glücklich, wenn sich die Anforderungen und Fähigkeiten im Gleichgewicht befinden. Durch das bewusste Eingehen eines Ungleichgewichts, in dem Sinne, dass die Anforderungen minimal erhöht werden, kommt es zu Spitzenleistungen. Denn der Mitarbeiter muss, um wieder in den Flowzustand zu kommen, seine Qualifikationen und Fähigkeiten leicht erhöhen. Zufriedenheit und subjektives Wohlbefinden nehmen somit zu.

Eine Überforderung der Mitarbeiter ist selbstverständlich zu verhindern, da ansonsten unnötige Angstzustände die Folge wären. Langeweile oder Apathie wiederum entstehen durch Unterforderung.

Zusätzlich lassen sich auf einer generelleren Ebene Flowzustände und Engagement erreichen: zum Beispiel durch Angebote wie betriebliche Kinderbetreuung, eine einladende Cafeteria, Plätze zum Entspannen sowie unternehmenseigene Busse für den Pendelverkehr der Mitarbeiter, Manager und Führungskräfte. Vorgesetzte sollten eine positiv emotionalisierte Atmosphäre schaffen. Hierzu gehört auch, dass die organisationalen Ziele, die übergeordnete Vision des Unternehmens, die konkreten Leistungsziele, die in Zusammenarbeit mit dem Mitarbeiter entstehen und regelmäßige Rückmeldungen zum Engagement ausreichend kommuniziert werden.

Flow lässt sich nicht anordnen. Deshalb müssen Unternehmen die richtigen Rahmenbedingungen schaffen, damit Mitarbeiter Flow erfahren können. Eine Sinnvermittlung ist dabei genauso wichtig wie ausreichende Freiräume während der Arbeit.

Im Flow werden Ziele durch den Mitarbeiter selbst gesetzt. Folglich sollten Manager Ziele nicht vorgeben. Es ist die Aufgabe des Mitarbeiters, solche Ziele zu definieren, spannende Aufgaben zu übernehmen und mit dem Vorgesetzten abzustimmen.

Flowerlebnisse führen oft zu dem Wunsch, sich gezielt fortzubilden, da Menschen ein natürliches Streben nach Wachstum und Glück haben. Weiterbildungswünsche sollten von Vorgesetzten sehr ernst genommen werden. Meist sind Weiterbildungen sehr gute Investitionen.

Wichtigster Teil einer Engagement-Messung, die idealiter anonym vorgenommen wird, sind Workshops, in denen die Führungskräfte das Engagement ihrer Abteilung mit den Teammitgliedern besprechen. Das Ziel ist die Steigerung des Engagements durch systematische Maßnahmen. Ein gemeinsamer und individueller Maßnahmenplan wird erstellt, sodann werden die Verantwortlichkeiten festgelegt. Die Wirksamkeit der Maßnahmen wird mit einer Wiederholung der Befragung in festen zeitlichen Abständen von beispielsweise drei Monaten gewährleistet. Bei einer wiederholten Befragung werden noch drei weitere Aspekte abgefragt, nämlich ob Feedback zu den Ergebnissen der ersten Befragung gegeben, ob ein Aktionsplan definiert und schließlich, ob er effektiv umgesetzt wurde.

Ein Beispiel - Messung und Erhöhung des Engagements

In der Landesorganisation eines internationalen Handelskonzerns wurde 2005 eine Befragung zum Mitarbeiterengagement zum ersten Mal durchgeführt. Fast alle Mitarbeiter nahmen teil. Im Konzernvergleich waren die Ergebnisse unterdurchschnittlich. Die Landesorganisation erreichte einen Engagementwert im mittleren Bereich (auf der 5er-Skala mit 5 als höchster und 1 als niedrigster Ausprägung). Der Konzerndurchschnittswert lag circa 0,5 Punkte höher. Den höchsten Engagementwert wies die Landesgesellschaft im Mutterland auf.

In der Detailanalyse auf Filialebene wurde festgestellt, dass die Geschäfte mit dem niedrigsten Engagementindex auch eine wesentlich höhere Mitarbeiterfluktuation hatten und die Rentabilität ebenfalls wesentlich geringer ausfiel.

Anhand der Auswertung der Einzelfragen konnten konkrete Managementhandlungsempfehlungen abgeleitet werden. So bemängelten die Mitarbeiter, dass zu wenig über die Fortschritte mit ihnen gesprochen wurde. Daraufhin wurde ein mindestens einmal pro Jahr stattfindendes systematisches Mitarbeitergespräch eingeführt.

Weitere konkrete, gemeinsam im Team beschlossene Maßnahmen führten dazu, dass über einen Zeitraum von zwei Jahren das Engagement erhöht wurde und somit auch die Mitarbeiterfluktuation sank und die Rentabilität zunahm.

Take-Away-Message

Flow ist ein Zustand des Zusammentreffens hoher Herausforderungen und hoher Fähigkeiten.

Flow ist die Voraussetzung für Engagement in Unternehmen.

Mitarbeiter im Flow sind glücklicher und leistungsfähiger. Sie gehen in Ihrem Tun auf.

Jeder Mitarbeiter sollte Tätigkeiten identifizieren, bei denen er im Flow ist. Solche Tätigkeiten gilt es auszuweiten.

Es gibt Instrumente zur Befragung von Mitarbeitern hinsichtlich ihres Engagements. Aufgrund dieser Messung können Managementhandlungsempfehlungen im Team erarbeitet werden. Die Umsetzung solcher Maßnahmen steigert Wohlbefinden und Produktivität.

4 Psychologisches Kapital führt zu positiven Ergebnissen

Warum interessiert uns das psychologische Kapital eines Menschen beziehungsweise eines Mitarbeiters (vgl. hier und im Folgenden Luthans/Youssef/Avolio (2007))? Das psychologische Kapital ist so bedeutsam, weil es sich bei seinen Komponenten – Selbstwirksamkeitsüberzeugungen, Hoffnung, Optimismus und Widerstandsfähigkeit – um positive Aspekte der menschlichen Psyche handelt. Das psychologische Kapital eines Menschen zu kennen und zu fördern bedeutet, seine positiven Ausprägungen und damit seine Lebenszufriedenheit zu stärken.

Obwohl wir seit Jahrzehnten wissen, dass Menschen, die nicht unzufrieden sind, noch lange nicht zufrieden sind, hat sich dieses Denken in der Unternehmenspraxis noch nicht durchgesetzt. Das Ausschließen oder Reduzieren von etwas Negativem führt aber noch lange nicht zu etwas Positivem. Nur weil jemand nicht negativ auffällt, muss dies noch lange nicht bedeuten, dass er Spitzenleistungen vollbringt. Bereits in unseren Ausführungen über Talente und Stärken haben wir postuliert, dass man seine Talente und Stärken erkennen und dann nutzen sollte. Es macht aus psychologischer Sicht hingegen wenig Sinn, Schwächen zu kompensieren.

Der Markt für Managementbücher ist heute dicht besetzt. Viele der angebotenen Bücher sind Erfahrungsberichte erfolgreicher Manager. Uns erscheint es jedoch sehr fraglich, ob Konzepte, die im Einzelfall erfolgreich waren, tatsächlich verallgemeinert werden können. Aus diesem Grund legen wir sehr viel Wert darauf, Ihnen nur Konzepte zu präsentieren, die sich in der Praxis bewiesen und auch eine wissenschaftlich fundierte Wirksamkeit haben. Nur so kann sichergestellt werden, dass die Empfehlungen zu verallgemeinern sind und Sie diese gezielt anwenden können.

Die psychologischen Merkmale, die wir Ihnen in diesem Kapitel vorstellen, kann man durch ganz konkrete Maßnahmen entwickeln. Damit Sie Ihre Fortschritte in diesem Entwicklungsprozess selbst überprüfen können, liefern wir Ihnen die entsprechenden Messinstrumente mit.

Abschließend präsentieren wir Ihnen – nicht nur in diesem Kapitel zum psychologischen Kapital – Konzepte, die positive Auswirkungen auf die Rentabilität im Unternehmen, sowie das Glücksempfinden des Einzelnen haben. Wir denken, dass nur eine Beachtung beider Aspekte auf Dauer die Überlebensfähigkeit von Unternehmen sichert.

Über wie viel psychologisches Kapital verfügen Sie?

Am einfachsten lässt sich das psychologische Kapital mittels eines Fragebogens evaluieren. Dieses Instrument namens Psychological Capital Questionnaire (PCP) wurde 2009 von den renommierten Professoren Luthans, Avolio, Avey erarbeitet und stellt sich wie folgt dar:

Anleitung: Unten finden Sie Aussagen, die beschreiben, wie Sie gerade jetzt über sich selbst denken. Bitte bewerten Sie die Aussagen anhand folgender Skala:

Starke Ablehnung/Nicht-Zustimmung = 1

Ablehnung/Nicht-Zustimmung = 2

Leichte Ablehnung/Nicht-Zustimmung = 3

Leichte Zustimmung = 4

Zustimmung = 5

Starke Zustimmung = 6

1. Ich bin zuversichtlich/sicher/überzeugt, Langzeitprobleme analysieren und einer Lösung zuführen zu können.

2. Ich bin zuversichtlich/sicher/überzeugt, dass ich selbstbewusst mein Arbeitsfeld in Meetings mit dem Management repräsentieren kann.

3. Ich bin zuversichtlich/sicher/überzeugt, dass ich etwas zu Diskussionen bzgl. der Unternehmensstrategie beitragen kann.

4. Ich bin zuversichtlich/sicher/überzeugt, dass ich behilflich dabei sein kann, Ziele für mein Arbeitsfeld zu setzen.

5. Ich bin zuversichtlich/sicher/überzeugt, dass ich erfolgreich mit Menschen außerhalb des Unternehmens Probleme diskutieren kann.

6. Ich bin zuversichtlich/sicher/überzeugt, dass ich Informationen erfolgreich im Kollegenkreis präsentieren kann.

7. Ich bin zuversichtlich/sicher/überzeugt, dass ich auch in krisenhaften Situationen am Arbeitsplatz Wege zur Lösung finden werde.

8. Momentan setze ich energisch meine Berufs- und Arbeitsziele um.

9. Es gibt viele Wege und Möglichkeiten, Probleme zu lösen.

10. Momentan bin ich beruflich erfolgreich.

11. Ich kann mir viele Wege ausdenken, meine momentanen beruflichen Probleme zu lösen.

12. Momentan erreiche ich die beruflichen Ziele, die ich mir selbst gesetzt habe.

13. Wenn ich berufliche Probleme habe, kann ich diese nur schwer überwinden.

14. Irgendwie finde ich immer eine Lösung, wenn berufliche Probleme auftreten.

15. Ich kann, wenn es sein muss, auch auf mich alleine gestellt gute Arbeit leisten.

16. Normalerweise bewältige ich stressvolle Dinge im Job spielend.

17. Ich kann im Job schwierige Zeiten durchstehen, da ich solche auch schon vorher gemeistert habe.

18. Ich denke, dass ich in meinem aktuellen Job viele Dinge gleichzeitig bewältigen kann.

19. In Zeiten der beruflichen Unsicherheit erwarte ich stets das Beste.

20. Alles was beruflich schief gehen kann, geht auch schief.

21. Ich betrachte immer die Sonnenseite in beruflichen Situationen.

22. Ich bin bzgl. zukünftiger Ereignisse im Job optimistisch gestimmt.

23. In diesem Job entwickelt sich nichts so, wie ich es gerne hätte.

24. Meine berufliche Einstellung ist: Wo Schatten ist, ist auch Licht.

Auswertung: Die Punktwerte der Antworten zu den Fragen 13, 20 und 23 müssen umgekehrt werden (aus einer 1 wird eine 6, aus einer 2 eine 5, aus einer 3 eine 4, aus einer 4 eine 3, aus einer 5 eine 2 und aus einer 6 eine 1). Die Punktwerte werden addiert. Die Summe der Fragen 1 bis 6 ist der Selbstwirksamkeitswert. Die Summe der Fragen 7 bis 12 ist der Hoffnungswert. Die Summe der Fragen 13 bis 18 ist der Widerstandsfähigkeitswert. Und die Summe der Fragen 19 bis 24 ist der Optimismuswert. Pro Ausprägung wurden sechs Fragen gestellt. Damit ist die maximale Punktzahl 36. Ein hoher, optimaler Wert ist ab 24 Punkten pro Teilausprägung anzunehmen.

Punktewert Selbstwirksamkeit:＿＿＿＿＿＿＿＿＿＿＿＿

Punktewert Hoffnung: ＿＿＿＿＿＿＿＿＿＿＿＿＿＿

Punktewert Optimismus: ＿＿＿＿＿＿＿＿＿＿＿＿＿

Punktewert Widerstandsfähigkeit: ＿＿＿＿＿＿＿＿＿＿

Nachdem Sie jetzt Ihre Werte für Selbstwirksamkeit, Hoffnung, Optimismus und Widerstandsfähigkeit kennen, möchten wir Ihnen die Konzepte im Detail vorstellen.

Selbstwirksamkeit - Der Glaube an die eigenen Fähigkeiten

Es kennzeichnet den Menschen, dass er über die Vergangenheit, Gegenwart und Zukunft nachdenkt. Dabei sieht er nicht nur die Welt um sich, sondern auch sich selbst als Akteur in dieser Umwelt. Er setzt sich damit auseinander, ob Herausforderungen bewältigt werden können. Solche Überzeugungen werden in der Psychologie Selbstwirksamkeitsüberzeugungen genannt (vgl. Bandura (1997)).

Was ist Selbstwirksamkeit?

Selbstwirksamkeit ist ein in der Alltagssprache wenig oder fast nie verwendetes Wort. Es beschreibt den Glauben an die eigenen Fähigkeiten, wünschenswerte Zustände aus eigener Kraft zu erzeugen.

Was sich sehr banal anhört, wird von einigen Psychologen als die wichtigste Determinante menschlichen Verhaltens angesehen. So kommt es nur wenn diese Selbstwirksamkeitsüberzeugungen vorliegen, zu ausdauernden Bemühungen, ein Ziel trotz Herausforderungen und Widrigkeiten zu erreichen. Diese Überzeugungen sind für den Erfolg sogar wichtiger als die tatsächlich vorhandenen Fähigkeiten. Ohne Selbstwirksamkeitsüberzeugungen wird man im (Berufs-)Leben wenig Erfolg haben. Mitarbeiter, die selbstwirksam sind, sind Veränderungen gegenüber positiv eingestellt.

Doch wie wird man selbstwirksamer? Selbstwirksamkeit setzt voraus, dass man symbolisch denken kann, dass man insbesondere Ursache-Wirkungseffekte versteht. Durch Rückmeldungen können solche spezifischen Selbstwirksamkeitsüberzeugungen entstehen. Sie sind immer lebensbereichsspezifisch. Selbstwirksamkeitsüberzeugungen können nicht vollständig von einem Lebensbereich auf den anderen übertragen werden. So könnte ein Mitarbeiter Selbstwirksamkeitsüberzeugungen bezüglich verwaltender Tätigkeiten aufweisen, nicht aber für den sozialen Umgang mit den Kollegen.

Selbstwirksamkeitsüberzeugungen entwickeln sich über die gesamte Lebensspanne, und zwar zum einen infolge eigener, erfolgreicher Handlungen, zum andern aber auch durch das Beobachten eines bestimmten Verhaltens und seiner Konsequenzen bei anderen. Aus den so gewonnenen Informationen werden Erwartungen bezüglich des eigenen Verhaltens und seiner Konsequenzen abgeleitet. Je größer die Ähnlichkeit zwischen Beobachter und Beobachteten ist, desto stärker ist der Aufbau von Selbstwirksamkeitsüberzeugungen. Die Auswirkungen von stellvertretenden Erfahrungen auf die Selbstwirksamkeit sind im Vergleich zu Leistungserfahrungen schwächer.

Nur schon die Vorstellung eigenen oder fremden effizienten oder ineffizienten Verhaltens in hypothetischen Situationen kann die Selbstwirksamkeitsüberzeugungen beeinflussen. So macht es für das menschliche Gehirn meist keinen Unterschied, ob Handlungen tatsächlich oder nur imaginär ausgeführt werden. Imaginäre Erfahrungen haben jedoch schwächere Auswirkungen auf die Selbstwirksamkeitsüberzeugungen als Leistungserfahrungen.

Selbstwirksamkeitsüberzeugungen werden auch durch verbale Äußerungen anderer beeinflusst. Handelt es sich um eine vertrauenswürdige Person beziehungsweise um einen Experten, so ist die Wirkung besonders stark. Verbale Überzeugungen beeinflussen die Selbstwirksamkeit allerdings weniger stark als Leistungserfahrungen und stellvertretende Erfahrungen.

Positive Emotionen fördern Vertrauen und lösen Selbstwirksamkeitsüberzeugungen aus. Folglich sind Menschen in positiv emotionalisierten Zuständen leistungsfähiger. Ein gezieltes Hervorrufen solcher Zustände ist – wie wir bereits aufgezeigt haben – möglich.

Selbstwirksame Menschen zeichnen sich zusammenfassend durch fünf Charakteristika aus: Sie setzen sich erstens ambitionierte Ziele und engagieren sich. Dies gilt auch für den Fall, dass Widerstände auftreten. Herausforderungen werden zweitens begrüßt, da so Entwicklung möglich wird. Sie sind drittens hochgradig selbstmotiviert. Es wird viertens der notwendige Aufwand betrieben, um die selbstgesetzten Ziele zu erreichen. Und sie halten fünftens durch, auch angesichts von Behinderungen und Widrigkeiten.

Es ist erwiesen, dass Selbstwirksamkeit positive Auswirkungen auf das psychologische Wohlbefinden und die physische Gesundheit hat. Psychologische Studien belegen darüber hinaus, dass Selbstwirksamkeitsüberzeugungen die Leistungsfähigkeit am Arbeitsplatz erhöhen. So wurden umfangreiche Untersuchungen zu diversen Selbstwirksamkeitsausprägungen durchgeführt und positive Effekte bezüglich Führungskräfteselbstwirksamkeit, moralisch/ethischer und kreativer Selbstwirksamkeit aufgezeigt. Selbstwirksamkeit erhöht auch in interkulturellen Umfeldern die Gesundheit. Ebenfalls verbessern Selbstwirksamkeitsüberzeugungen das Funktionieren unter Stress, Angst sowie Herausforderung, was mit der Wahrnehmung eigener Kontrolle erklärt wird.

Darüber hinaus können Selbstwirksamkeitsüberzeugungen auch in Gruppen auftreten. Man spricht dann von kollektiver Wirksamkeit. Kollektive Wirksamkeit meint, dass die Gruppe überzeugt ist von den gemeinsamen Fähigkeiten, die notwendigen Handlungen zu organisieren und auszuführen, um vorgegebene Leistungsniveaus zu erreichen. Gerade auch für

Teams in Unternehmen ist diese Gruppenwirksamkeit wichtig, wenn sozialer oder politischer Wandel erwartet wird. Kollektive Wirksamkeit steigert nachgewiesenermaßen die Gruppenleistungsfähigkeit, die Teameffizienz und Teammotivation sowie das Problemlösungsverhalten.

Wie Sie selbstwirksamer werden können
Mit dem Test zur Messung des psychologischen Kapitals wird zugleich die Ausprägung des Faktors Selbstwirksamkeit gemessen. Schauen Sie sich noch einmal Ihren Punktewert an. Lag er im „grünen Bereich"? Wenn nicht, dann wollen wir Ihnen in diesem Abschnitt aufzeigen, wie Sie selbstwirksamer werden können.

Grundsätzlich ist dazu zunächst festzuhalten: Selbstwirksamkeitsüberzeugungen sind entwickelbar und somit auch in der Praxis steigerbar. Fördernde Maßnahmen sollten allerdings über einen Zeitraum von mindestens einem halben Jahr durchgeführt werden. Ein positiv stimulierendes Umfeld schaffen zum Beispiel in der Praxis: Wellnessprogramme, familienfreundliche Leistungen wie Betriebskindergärten, informelle soziale Aktivitäten, aber auch das Angebot von Entspannungsräumen oder etwa das Aufstellen von Tischfußballtischen.

Die Erfahrung, anspruchsvolle Aufgaben selbstständig meistern zu können, stärkt die Selbstwirksamkeit. Folglich sollten die gestellten Aufgaben im beruflichen Umfeld – auch unter Beachtung des Flowkonzeptes – einen angemessenen Schwierigkeitsgrad aufweisen. Regelmäßige Erfolgserfahrungen verstetigen den Entwicklungsprozess. In Anlehnung an die Sportpsychologie können Aufgaben im Berufsalltag auch in Teilaufgaben zerlegt werden, die einzeln eingeübt werden und wiederum Teilerfolge und Selbstwirksamkeitsüberzeugungen generieren. Durch ein Zusammenfügen der Teilaufgaben werden die Selbstwirksamkeitsüberzeugungen auf die Gesamtaufgabe übertragen.

Schon die Mitarbeiterakquisition sollte so erfolgen, dass die neuen Mitarbeiter im Unternehmen sofort zielgenau eingesetzt werden können, damit sie möglichst bald Erfolgserlebnisse verbuchen können.

Stellvertretende Erfahrungen und imaginäre Erfahrungen sind kostengünstig zu realisieren. Es ist lediglich auf eine größtmögliche Ähnlichkeit zwischen Beobachter und Beobachteten, sowie zwischen der beobachteten

Situation und der tatsächlichen, zukünftigen Situation zu achten. Qualifizierungsmaßnahmen sollten insofern durch Kollegen und nicht durch externe Experten erfolgen. Sind stellvertretende Erfahrungen nicht möglich, bleiben imaginäre Selbstwirksamkeitserfahrungen als Alternative.

Positive Rückmeldungen können Selbstzweifel in Wirksamkeitsüberzeugungen verwandeln. Lob und Anerkennung sind deshalb förderlich, wenn sie begründet und ehrlich ausgesprochen werden können.

Abschließend möchten wir anmerken, dass die kollektive Wirksamkeit durch organisationales Lernen gesteigert wird. Gemeinsam definierte Ziele und eine kollektive Entscheidungsfindung sind förderlich. Wie dies geschehen kann, zeigen wir Ihnen in Kapitel VI.

Zwar können übersteigerte Selbstwirksamkeitsüberzeugungen auch negative Effekte auslösen, doch lässt sich in der Praxis beobachten, dass sie selten sind und vielmehr fast ausschließlich Defizite festzustellen sind. Deshalb empfehlen wir Maßnahmen zur Steigerung dringend.

Ein Beispiel – Selbstwirksamkeit in der Praxis

Ein Mitarbeiter – nennen wir ihn Herr Konsequent - wird vom Vorstand eines großen Unternehmens als Nachwuchstalent definiert. Bisher hat der Mitarbeiter noch keine Führungsverantwortung. Er nimmt am neu ins Leben gerufenen Nachwuchsförderungsprogramm teil. Beim ersten Treffen im Rahmen dieses Programms sind alle anderen Teilnehmer (meist mit einer direkten Führungserfahrung oder exponierter Stellung im Unternehmen) über seine Teilnahme sehr erstaunt. An seinem Verhalten während des ersten Treffens merkt man, dass er sich in diesem Kreis nicht wirklich sicher bewegt. Er grenzt sich aus, ohne es selbst zu merken, und lässt kaum Kontakte zu den Kollegen entstehen. Er wird als stiller Mensch wahrgenommen, der, wenn überhaupt, sich nur kritisch äußert.

Herr Konsequent ist ein engagierter, bescheidener Mitarbeiter mit hoher Fachexpertise, der sich im Unternehmen über zehn Jahre hochgearbeitet hat. Nun ist er Ende 30. Neben dem Beruf hat er das Abitur nachgeholt, ein Studium begonnen und erfolgreich abgeschlossen. Er schreibt extern seine Doktorarbeit. Er tut dies aus eigenem Antrieb und ohne es im Unternehmen groß zu erwähnen.

Alle Teilnehmer des Nachwuchsprogramms dürfen, müssen aber nicht, den Clifton StrengthsFinder® absolvieren und erhalten persönliches Feedback zu ihrem Ergebnis. Alle Teilnehmer haben zusätzlich die Möglichkeit, sich vom internen Leadership Coach kontinuierlich begleiten zu lassen. Dies nimmt unser Mitarbeiter konsequent in Anspruch.

Herr Konsequent ist vom Talentprofil her ein sehr zielstrebiger, leistungs- und wettbewerbsorientierter Mensch, der Menschen in ihren Einzigartigkeiten sehr gut wahrnehmen kann. Er liebt es, sich zukünftige Dinge bildhaft vorzustellen und gegenwärtige Situationen schnell zu analysieren. Sein Denken ist extrem schnell.

Der Mitarbeiter definiert das Ziel des Coachings wie folgt: Er möchte eine Führungsposition innerhalb des Unternehmens mit einer direkten Führungsspanne von 3 bis 5 Mitarbeitern innerhalb von drei Jahren erreichen.

Gemeinsam mit dem Coach werden folgende Aktionspunkte definiert, damit die Leistungserfahrungen auch selbstwirksam werden:

- ■ Vernetzung innerhalb und außerhalb des Unternehmens,

- ■ Außenwirkung und -darstellung verbessern,

- ■ Leadership- beziehungsweise Führungskompetenz aufbauen sowie

- ■ soziale Kompetenz ausbauen.

Diese Aktionspunkte werden von ihm konsequent und kontinuierlich bearbeitet. Durch die Übung „Die drei guten Dinge", die wir in der Einführung vorgestellt haben, wird er sich seiner hohen Produktivität bewusst, nimmt seine Erfolge wahr und zeigt Dankbarkeit gegenüber anderen Menschen. Somit nimmt er Ereignisse in seinem (Berufs-) Leben bewusst als Leistungserfahrungen wahr, was sich positiv auf seine Emotionen auswirkt.

Er kommuniziert proaktiv und bietet sich als Gesprächspartner an. Er wartet nicht mehr still ab, sondern bringt nun nennenswerte Beiträge in die Diskussion ein.

Er lässt sich beraten, was seine äußerliche Erscheinung angeht, er nutzt seine Garderobe und sein Auftreten nun bewusst, um ein Zeichen zu setzen, ohne aus dem Rahmen zu fallen. Auch hier sind durch konkrete Leistungserfahrungen Selbstwirksamkeitsüberzeugungen aufgebaut worden.

Beim nächsten Treffen im Rahmen des Nachwuchsförderungsprogramms verstärkt der Klient die Kommunikation, bietet sich für Gespräche an und nimmt an den Begleitprogrammen teil. Dadurch gewinnt er die Teilnehmer für sich.

Innerhalb des Unternehmens macht Herr Konsequent dadurch auf sich aufmerksam, dass er freiwillig eine Projektgruppe leitet, die ein schwieriges Thema innerhalb des Unternehmens bearbeitet. Darüber hinaus vereinbart er mit den Vorständen persönliche Gesprächstermine, in denen er sich noch einmal vorstellt, sich für das entgegengebrachte Vertrauen bedankt, interessante und aktuelle unternehmensbezogene Themen anspricht und diskutiert sowie bei Bedarf Unterstützung anbietet.

Er nimmt teil an einem internationalen Seminarprogramm an einer renommierten Hochschule, das über drei Präsenzphasen seine fachliche Qualifikation schult und ausbaut. Zudem vernetzt er sich so mit Führungskräften anderer Unternehmen aus seiner Branche. Dies ermöglicht ihm durch stellvertretende Erfahrungen im Rahmen eines Erfahrungsaustausches selbstwirksamer zu werden.

Durch ein tiefenpsychologisches Interview erhält Herr Konsequent weitere, detaillierte Rückmeldungen zu seinen persönlichen Einstellungen, zu wichtigen Aspekten des Führungsverhaltens und Selbstwirksamkeit.

Mit dem Coach zusammen erarbeitet er daraufhin seine persönlichen Werte. Diese prüft er im Zusammenhang mit einer zukünftigen Führungsposition. Er setzt sich ebenfalls damit auseinander, wie er diese Werte nach außen verkörpert und kommuniziert.

Dank seiner hohen Zielstrebigkeit und Selbstdisziplin erreicht er so sein selbstgesetztes Ziel einer Führungsposition bereits nach anderthalb Jahren. Sein Fachbereich wird zur eigenen Abteilung ausgebaut, ihm werden zunächst zwei, später fünf Mitarbeiter unterstellt.

Herr Konsequent hat nunmehr eine hohe Reputation im Unternehmen. Er agiert positiv, die Zusammenarbeit mit ihm macht Spaß und ist inspirierend. Die Teilnehmer des Nachwuchsförderungsprogramms, die die Veränderung aus der Nähe beobachten konnten, geben ihm positives, motivierendes und anerkennendes Feedback. Der Vorstand nutzt seine offene Denkweise, seine hohe analytische Fähigkeit und seine Fachkompetenz nun bewusst. Er lässt ihn große, internationale Projekte managen und bescheinigt ihm hohes Durchsetzungsvermögen.

Der Coach attestiert ihm, dass er kontinuierlich an seinen Zielen gearbeitet hat, sich auf alle Interventionen und Übungen eingelassen, also hohe Offenheit bewiesen hat und vor allem nie den Aspekt der Freude aus den Augen verloren hat. Er hat die Tipps und Anregungen aufgenommen und überzeugend umgesetzt, ohne dabei seine eigene Persönlichkeit und Authentizität zu vernachlässigen.

Take-Away-Message

Selbstwirksamkeit ist der Glaube an die eigenen Fähigkeiten, wünschenswerte Zustände selbst erzeugen zu können.

Dieser Glaube ist meist wichtiger als die tatsächlichen Fähigkeiten.

Selbstwirksamkeitsüberzeugungen entstehen durch Leistungserfahrungen, stellvertretende Erfahrungen, imaginäre Erfahrungen, verbale Überzeugungen sowie physiologische und emotionale Zustände. Mitarbeiter können hierüber gezielt selbstwirksamer werden.

Hoffnung und Zielerreichung

Hoffnung ist ein Begriff aus dem alltäglichen Sprachgebrauch. In der Positiven Psychologie und dem Positive Leadership verbirgt sich dahinter allerdings ein definiertes, systematisches Konzept.

Hoffnung in Theorie und Praxis

Hoffnung ist die Überzeugung, dass eigene Ziele auch erreichbar sind. Hoffnung ist somit verwandt mit der Selbstwirksamkeit (vgl. hier und im Folgenden Rand/Cheavens (2009)). In der Hoffnungstheorie geht es letzten Endes um das effektive Setzen von Zielen. Hoffnung wird dabei ausgelöst erstens durch zielorientierte Gedanken mit ausreichendem individuellem Wert und zweitens durch die subjektive Einschätzung, dass das Ziel auch erreicht werden kann, sowie drittens durch Nachdenken über verschiedene Wege, wie das Ziel erreichbar ist.

Die Hoffnungstheorie besagt, dass wir nur Zielen nachgehen, die uns wertvoll erscheinen und von denen wir glauben, dass wir sie erreichen können. Trifft beides zu, so denken wir automatisch über Wege nach, wie diese Ziele erreichbar sind. In der Folge handeln wir dann.

Positive Emotionen entstehen in diesem Zusammenhang immer dann, wenn es zu der Überzeugung einer erfolgreichen Zielerreichung kommt. Das subjektive Wohlbefinden nimmt umgekehrt ab, wenn es zu Verzögerungen oder Problemen bezüglich der Zielerreichung kommt.

Die Hoffnungstheorie lässt sich in drei Phasen gliedern. Lernerfahrungen beinhalten Erfahrungen aus der Vergangenheit. Hoffnungsvolle Menschen sind meist selbstbewusst und freudig gestimmt. In der Vorereignisphase wird die Ergebniswertigkeit geprüft. Bei einer hohen Wertigkeit kommt es zu einem Eintritt in die Ereignisphase. Im Zentrum der Ereignisphase steht die Realisierung der selbst gesetzten Ziele.

Psychologische Untersuchungen haben die positive Wirkung von Hoffnung in vielerlei Bereichen nachgewiesen. Hoffnung steigert zum Beispiel die akademischen Leistungen. In sportlichen Wettkämpfen gewinnt, gleiches Talent und gleicher Trainingszustand vorausgesetzt, derjenige mit höheren Hoffnungswerten. Eine hoffnungsvolle Einstellung wirkt sich auch positiv auf den Erhalt der Gesundheit (Prävention), sowie bei Krankheit auf den Krankheitsverlauf aus. Auch die psychische Gesundheit kann durch Hoffnung gefördert werden. Im Bereich der zwischenmenschlichen Beziehungen belegen Studien, dass hohe Hoffnungswerte mit sozialer Unterstützung, höherer sozialer Kompetenz und geringerer Einsamkeit einhergehen. Hoffnungsvolle Menschen empfinden mehr Sinn im Leben. Im Rahmen einer Psychotherapie haben Menschen mit hohen Hoffnungswerten eine höhere Aussicht auf Erfolg.

Auch gibt es erste Untersuchungen und Belege, dass hohe Hoffnungswerte die Leistungsfähigkeit, Arbeitszufriedenheit, das organisationale Engagement und die Profitabilität am Arbeitsplatz positiv beeinflussen. Einen besonders starken Einfluss haben hoffnungsvolle Führungskräfte auf die Rentabilität. Selbstständig arbeitende Menschen, also zum Beispiel Unternehmer, mit hohen Hoffnungswerten sind zufriedener.

Zusammenfassend kann man sagen, dass hoffnungsvolle Manager motivierter ihren Zielen nachgehen. Diese Energie strahlt auch auf die Mitarbeiter aus. Hoffnungsvolle Manager sind effiziente Planer und setzen spezifische, herausfordernde Ziele, die einen positiven Einfluss auf die Profitabilität haben und zu den organisationalen Zielen passen. Ebenfalls legen sie einen Rahmen fest, in dem die Mitarbeiter ihre eigenen Ziele setzen können. Hoffnungsvolle Manager agieren wie Mentoren beziehungsweise Coaches und fördern die Entwicklung ihrer Mitarbeiter.

Manager und Führungskräfte sollten grundsätzlich in der Lage sein, hohe oder niedrige Hoffnungswerte ihrer Mitarbeiter zu erkennen und, wenn nötig, fördernd zu steigern. Hoffnungsvolle Mitarbeiter denken unabhängig. Deshalb kann man ihnen größere Freiräume einräumen. Sie sind innerlich motiviert, empfinden Sinn in ihrem Tun, fühlen sich verantwortlich, geben Rückmeldungen und sind auch an ihrem persönlichen Wachstum orientiert. Sie gelten als kreativ und gehen Risiken ein. Im Gegensatz dazu leisten Mitarbeiter mit geringen Hoffnungswerten lediglich „Dienst nach Vorschrift".

Wie können Sie hoffnungsvoller werden?

Zuerst gilt es, wichtige Lebens- und Arbeitsbereiche wertend in eine Reihenfolge zu bringen. Psychologen sprechen hier von einer Strukturierung. Schreiben Sie dazu für Sie wichtige Lebensbereiche auf Karteikarten und sortieren sie diese nach Wichtigkeit. Die Karte, die den wichtigsten Lebensbereich bezeichnet, sollte oben liegen. Schreiben Sie nun eine Zahl zwischen 0 (sehr unzufrieden) und 10 (sehr zufrieden) auf jede Karte. Diese Zahlen drücken Ihre momentane Zufriedenheit mit dem jeweiligen Lebensbereich aus.

Dann sollten für jeden Bereich positive und spezifische Ziele abgeleitet werden. Notieren Sie diese ebenfalls auf allen Karten.

In einem nächsten Schritt gilt es, verschiedene Wege zur Erreichung dieser Ziele zu überlegen. Notieren Sie das Ergebnis auf den entsprechenden Karten.

Stellen Sie sich nun bildlich vor, was Sie konkret unternehmen müssen, um Ihre Ziele zu erreichen. Erzählen Sie auch nahestehenden Menschen von ihren Plänen.

Setzen Sie in der Folge Schritt für Schritt um, was Sie sich überlegt und aufgeschrieben haben, so dass Sie Ihre Ziele nach und nach erreichen. Sie werden dabei feststellen, dass Sie wesentlich hoffnungsvoller werden und ihre Lebenszufriedenheit zunimmt.

In regelmäßigen Abständen findet eine Überprüfung statt. Eventuell ist es notwendig, Verhalten und Abläufe anzupassen, falls es zu Komplikationen kommt. Nehmen Sie sich dazu in Abständen von zwei Wochen Ihre Karteikarten wieder vor. Überprüfen Sie, inwieweit Sie Ihren Zielen näher gekommen sind. Nehmen Sie, wenn nötig, Korrekturen vor. Dieser Prozess ist insgesamt schleifenförmig, so dass er wiederholt angewendet werden sollte.

Die folgenden Überlegungen vereinfachen das Setzen von Zielen. Persönliche Zielsetzung und Leistungsfähigkeit des Menschen stehen in engem Zusammenhang. Unsere Ziele sollten darum persönliche, das heißt selbstgesetzte und somit verinnerlichte Ziele sein, die messbar, herausfordernd und erreichbar sind. Unter diesen Voraussetzungen kommt es dazu, dass wir Wege zur Zielerreichung entwickeln.

Unter Zielausdehnung versteht man zweitens das Ausweiten von Zielen, die nicht besonders motivierend und in unmittelbarer Reichweite sind. Durch deren Ausdehnung erhöht sich die Motivation.

Handelt es sich um langfristige, schwer zu erreichende Ziele, gilt es, diese in Etappenziele zu zerlegen.

Durch Belohnungs- und Anreizsysteme kann ein Unternehmen die beruflichen Ziele seiner Mitarbeiter verstärken. Diese Anreize sollten sich allerdings nicht nur auf das Endergebnis beziehen, sondern auch den Zielsetzungsprozess berücksichtigen. Gut strukturierte Anreizsysteme optimieren das Zusammenspiel von intrinsischer und extrinsischer Belohnung. Ein adäquater Ressourcenzugang ist eine Grundvoraussetzung für Hoffnung. Nur wenn wir die Materialien, Fähigkeiten und Möglichkeiten zur Zielerreichung haben, sind wir hoffnungsvoll.

Eine zeitgemäße Strategieanpassung schafft Wettbewerbsvorteile durch beispielsweise die Einführung eines adäquaten Personalmanagements, welches auf den Prinzipien, die in diesem Buch vorgestellt werden, basiert.

Ein solches Management zeichnet sich insbesondere durch den Einsatz von Evaluationsinstrumenten sowie einer Entwicklung der Mitarbeiter aus.

Trainings- und Entwicklungsmaßnahmen, die interaktiv und partizipativ ausgestaltet werden, sind ebenfalls förderlich zum Aufbau von Hoffnung.

Ein Beispiel – Ohne Hoffnung keine Leistung

Die berufliche und allgemeine Leistungsfähigkeit des Vorstandes einer internationalen Investmentgesellschaft hatte stark nachgelassen. Dies verwunderte, da die berufliche Situation sehr positiv und erfolgreich war.

In einem von ihm selbst gewünschten Coachinggespräch konnte der Mann keine Gründe dafür nennen. Es fiel nur auf, dass er antriebslos und niedergeschlagen wirkte. Zwecks einer genaueren Standortbestimmung wendete der Coach den Fragebogen zum psychologischen Kapital an. Es stellte sich heraus, dass speziell die Hoffnungswerte viel zu niedrig waren.

In einem weiteren Gespräch kamen die beruflichen und privaten Lebensbereiche zur Sprache. Speziell im Privaten war sich dieser Vorstand nicht über seine Präferenzen klar. So wurden in einem ersten Schritt diese Lebensbereiche sowie ganz spezifische Teilbereiche in eine Reihenfolge gebracht. Dies geschah mittels Karteikarten auf die Art und Weise, die oben schon beschrieben wurde. Der Klient benotete seine Zufriedenheit in den einzelnen Teilbereichen auf einer Skala von 0 (sehr unzufrieden) bis 10 (sehr zufrieden).

Nun konnten konkrete Ziele für alle Lebensbereiche (Kärtchen) erarbeitet werden. Die Ziele waren positiv und erstrebenswert, außerdem realistisch und somit erreichbar. Der Klient überlegte sich nun ganz konkrete Maßnahmen, wie diese Ziele erreicht werden konnten. Im Coaching wurden dazu auch Visualisierungsübungen angewendet. Dabei stellte der Mandant sich vor, wie er die Realisierung angehen und wie er sich dabei und am Ende des Prozesses fühlen würde.

Dann wurde der zeitliche Rahmen festgelegt, binnen dessen die Maßnahmen zur Zielerreichung umgesetzt werden sollten. In regelmäßigen Abständen von einem Monat fand ein weiteres Coachinggespräch statt. Jedes Mal wurde anhand der Kärtchen wiederum die Zufriedenheit ermittelt. Dabei konnten kontinuierliche Verbesserungen festgestellt werden. Diese äußerten sich auch in verbesserten Werten beim Evaluationsinstrument zum psychologischen Kapital. Nach einigen Wochen wirkte der Vorstand wieder antriebsstärker und zufriedener. Die Coachingmaßnahme war ein voller Erfolg, der Klient sehr zufrieden.

Take-Away-Message

In der Hoffnungstheorie geht es um das effektive Setzen von Zielen.

Hoffnung wird dabei ausgelöst durch (1) zielorientierte Gedanken mit ausreichendem individuellem Wert, (2) die subjektive Einschätzung, dass das Ziel auch erreicht werden kann, sowie (3) das Nachdenken über verschiedene Wege, wie das Ziel erreichbar ist.

Hoffnung kann durch spezielle Interventionen gezielt gesteigert werden.

Optimismus - Der Erklärungsstil macht den Unterschied

Als Optimisten bezeichnet man umgangssprachlich Menschen, die in Bezug auf die Zukunft positive Erwartungen hegen. Pessimisten hingegen haben negative Zukunftserwartungen (vgl. hier und im Folgenden Seligman (1990). Positive Leadership begreift Optimismus als Erklärungsstil von Ereignissen.

Bin ich Optimist?

Nach dem Konzept von Positive Leadership unterscheidet sich der Optimist vom Pessimisten in drei Dimensionen.

(1) Die zeitliche Dimension beschreibt, ob ein Ereignis als temporär, also als zeitlich begrenzt, oder permanent (andauernd) wahrgenommen wird.

(2) Die Verbreitungsdimension besagt, ob ein Ereignis als ein abgegrenztes Vorkommnis oder als alle Lebensbereiche umfassend eingeschätzt wird.

(3) Die Attributionsdimension sagt aus, ob ein Ereignis als eigen- oder fremdverursacht angesehen wird.

Nach diesem Verständnis ist ein Optimist ein Mensch, der positive Ereignisse als permanent, alle Lebensbereiche umfassend und eigenverursacht ansieht. Negative Ereignisse gelten in seiner Wahrnehmung als temporär, betreffen nur ein einziges Event und sind fremdverursacht.

Ein Pessimist nimmt positive Ereignisse als temporär, nur ein einziges Vorkommnis betreffend und fremdverursacht wahr. Negative Ereignisse werden als permanent, alle Lebensbereiche umfassend und eigenverursacht angesehen.

Ein Erklärungsstil ist ein sehr individuelles Merkmal, doch wie entwickelt er sich? Hierzu gibt es verschiedene Erklärungsansätze. Der Erklärungsstil ist wohl genetisch mitbestimmt. Allerdings konnte kein „Optimismus-Gen" gefunden werden. Vielmehr scheint es so zu sein, dass Intelligenz oder Attraktivität zu positiven oder negativen Erfahrungen führen, die sich im Erklärungsstil widerspiegeln.

Wie man festgestellt hat, ähnelt sich der Erklärungsstil von Müttern und ihren Kindern – vermutlich, weil Mütter am meisten Zeit mit ihren Kindern verbringen. Kinder ahmen ihre Eltern auch bezüglich des Erklärungsstils nach, wenn sie die Eltern als kompetent und leistungsfähig ansehen. Ebenfalls beeinflussen Eltern durch die Art und Weise der Kritikausübung den Erklärungsstil ihrer Kinder. Unabhängig davon, ob im schulischen Umfeld positive oder negative Rückmeldungen gegeben werden, kann der Erklärungsstil des Lehrers als stark beeinflussend angesehen werden. Insofern müssen Lehrer sehr genau darauf achten, welchen Erklärungsstil sie ihren Schülern/innen vorleben. Lehrern kommt hiermit eine immense Verantwortung zu.

Schon früh haben Studien ergeben, dass Medien überwiegend pessimistisch sind, da sie auf diese Weise Auflagen und Quoten steigern. So haben Ereignisse, die als global und viele Lebensbereiche betreffend eingestuft werden, die also pessimistisch erklärt werden, automatisch einen höheren Aufmerksamkeitswert.

Signifikante Traumata wie zum Beispiel sexueller Missbrauch oder der frühe Verlust eines Elternteils begünstigen einen pessimistischen Erklärungsstil.

Statistisch gesehen sind Menschen mit einem optimistischen Erklärungsstil gesünder und haben positivere Stimmungen. Sie sind seltener depressiv sowie leistungsfähiger in akademischen, sportlichen und beruflichen Situationen. Allerdings kann ein übersteigerter Optimismus auch negative Folgen haben. In Unternehmen werden spezielle Konstruktions-, Buchhaltungs- und juristische Aufgaben oft von Menschen mit einem eher pessimistischen Erklärungsstil ausgeführt.

Für Unternehmen sind optimistische Mitarbeiter wichtig. Speziell in flachen Hierarchien braucht man sie, da sie Selbstständigkeit und Herausforderungen schätzen. Optimismus stellt, wie Selbstwirksamkeit, Hoffnung und Widerstandsfähigkeit, eine herausragende, da schwer zu kopierende Ressource und somit einen langfristigen Wettbewerbsvorteil dar.

Der Optimismustest – Oder: Wie erklären Sie sich Ihre Welt?
Optimismus oder Pessimismus beziehungsweise ein entsprechender Erklärungsstil kann mittels des Attributional Style Questionnaire (ASQ) von Prof. Peterson und seinen Kollegen aus dem Jahre 1982 direkt gemessen werden. Beim ASQ wird zunächst eine Situation beschrieben, dann werden zwei Erklärungsstile angeboten.

Im Folgenden können Sie sich selbst überprüfen. Kreisen Sie die Antworten ein, die Ihrer Einschätzung am Nächsten kommt.

1. Ihr aktuelles Projekt, für das Sie verantwortlich sind, ist ein großer

    Erfolg.

		PsG
A.	Ich habe die Arbeit meiner Mitarbeiter eng beaufsichtigt.	1
B.	Jeder hat viel Zeit und Energie investiert.	0

2. Sie und Ihr/e Freund/in vertragen sich nach einem Streit wieder.

		PmG
A.	Ich habe ihm/ihr vergeben.	0
B.	Ich bin allgemein vergebend.	1

3. Auf der Suche nach dem Haus eines Freundes haben Sie sich ver-
fahren.

		PsB
A.	Ich habe vergessen abzubiegen.	1
B.	Mein Freund hat mir einen falschen Weg beschrieben.	0

4. Ihr/e Freund/in überrascht Sie mit einem spontanen Geschenk.

		PsG
A.	Er/Sie hat eine Gehaltserhöhung bekommen.	0
B.	Ich habe sie/ihn gestern Abend zu einem tollen Abendessen eingeladen.	1

5. Sie haben den Geburtstag Ihres/r Freundes/in vergessen.

		PmB
A.	Ich kann mir Geburtstage nicht gut merken.	1
B.	Ich hatte so viele andere Sachen um die Ohren.	0

6. Sie haben Blumen von einem/r geheimen Verehrer/in bekommen.

		PvG
A.	In ihren/seinen Augen bin ich attraktiv.	0
B.	Ich bin eine beliebte Person.	1

7. Sie haben Sich um ein öffentliches Amt beworben und wurden gewählt.

                                                                PvG
A. Ich habe viel Zeit und Energie in die Kampagne gesteckt.   0
B. Ich arbeite an jedem Projekt und immer sehr hart.   1

8. Sie verpassen einen wichtigen Termin.

                                                                PvB
A. Manchmal spielt mir mein Gehirn einen Streich.   1
B. Ich vergesse manchmal, meine Termine zu prüfen.   0

9. Sie bewerben Sich um ein öffentliches Amt und werden nicht gewählt.

                                                                PsB
A. Meine Kampagne war nicht gut genug.   1
B. Der Gewinner kannte mehr Menschen.   0

10. Sie sind der Gastgeber eines erfolgreichen Abendessens.

                                                                PmG
A. Ich war heute Abend besonders charmant.   0
B. Ich bin ein guter Gastgeber.   1

11. Sie verhindern ein Verbrechen, indem Sie die Polizei rufen.

		PsG
A.	Ein merkwürdiges Geräusch hat meine Aufmerksamkeit auf sich gezogen.	0
B.	Ich war an dem Tag allgemein sehr alarmiert und aufmerksam.	1

12. Sie waren das ganze Jahr gesund.

		PsG
A.	Um mich herum waren nur wenige krank, insofern war ich nicht ansteckungsgefährdet.	0
B.	Ich habe mich gesund ernährt und ausreichend ausgeruht.	1

13. Sie schulden der Bibliothek zehn Euro, weil der Ausleihtermin überschritten ist.

		PmB
A.	Wenn ich im Lesefluss bin, vergesse ich manchmal den Abgabetermin.	1
B.	Ich war so sehr mit dem Verfassen eines Berichtes beschäftigt, dass ich die Abgabe vergessen habe.	0

14.   Die Kurse Ihrer Aktien steigen stark.

		PmG
A.	Mein Broker entschied sich für eine Umschichtung des Depots.	0
B.	Mein Broker ist ein erstklassiger Investor.	1

15.   Sie gewinnen bei einer Sportveranstaltung.

		PmG
A.	Ich fühlte mich unschlagbar.	0
B.	Ich trainierte hart.	1

16.   Sie fallen durch eine wichtige Prüfung.

		PvB
A.	Ich war nicht so intelligent wie die anderen Testteilnehmer.	1
B.	Ich hab mich nicht gut vorbereitet.	0

17.   Sie haben ein tolles Abendessen gekocht, doch Ihr/e Freund/in hat kaum etwas gegessen.

		PvB
A.	Ich bin ein schlechter Koch.	1
B.	Ich hab in Eile gekocht.	0

18. Sie verlieren bei einem Sportwettkampf, obwohl Sie sich lange vorbereitet haben.

		PvB
A.	Ich bin nicht sehr athletisch.	1
B.	Ich bin in der Sportart nicht sehr gut.	0

19. Ihr Auto bleibt aufgrund eines leeren Tanks in einer dunklen Straße bei Nacht stehen.

		PsB
A.	Ich habe vergessen, den Benzinstand zu prüfen.	1
B.	Die Tankanzeige war defekt.	0

20. Sie verlieren die Geduld mit einem Freund.

		PmB
A.	Er nervt mich immer.	1
B.	Er war in einer ablehnenden Stimmung.	0

21. Sie bekommen eine Strafe, da Sie Ihre Steuererklärung nicht rechtzeitig eingereicht haben.

		PmB
A.	Ich mache Steuererklärungen nicht sehr gerne.	1
B.	Ich war dieses Jahr diesbezüglich etwas faul.	0

22.   Sie möchten sich mit jemandem verabreden, aber er/sie sagt nein.

		PvB
A.	Ich war an dem Tag ein Nervenbündel.	1
B.	Ich finde in solchen Situationen nie die richtigen Worte.	0

23.   Ein Moderator wählt Sie in der Menge aus, um mitzumachen.

		PsG
A.	Ich saß auf dem richtigen Platz.	0
B.	Ich wirkte am enthusiastischsten.	1

24.   Sie werden an einer Party zum Tanzen aufgefordert.

		PmG
A.	Ich habe eine extrovertierte Art.	1
B.	Ich war an diesem Abend in guter Form.	0

25.   Sie kaufen Ihrer/m Freund/in ein Geschenk, aber sie mag es nicht.

		PsB
A.	Ich investiere nicht genug Gedanken in solche Sachen.	1
B.	Er/Sie ist sehr wählerisch.	0

26. Sie überzeugten in einem Vorstellungsgespräch.

PmG

A. Ich fühlte mich während des ganzen Gesprächs

sehr selbstsicher.   0

B. Ich bin gut in Vorstellungsgesprächen.   1

27. Sie erzählen einen Witz, und jeder lacht.

PsG

A. Der Witz war lustig.   0

B. Ich habe ihn gut erzählt.   1

28. Obwohl Ihr Chef Ihnen für das Beenden eines Projektes zu wenig
    Zeit gibt, schaffen Sie es trotzdem.

PvG

A. Ich bin gut in meinem Job.   0

B. Ich arbeite effizient.   1

29. Sie fühlen sich in letzter Zeit matt.

PmB

A. Ich habe nie Zeit zum Entspannen.   1

B. Ich war sehr beschäftigt diese Woche.   0

30. Sie bitten jemanden um einen Tanz, aber er/sie lehnt ab.

		PsB
A.	Ich tanze nicht gut genug.	1
B.	Er/Sie hatte keine Lust zu tanzen.	0

31. Sie retten eine Person vor dem Ersticken.

		PvG
A.	Ich kenne eine spezielle Rettungstechnik.	0
B.	Ich weiß, was in Krisensituationen zu tun ist.	1

32. Ihr Lebenspartner möchte eine Trennung.

		PvB
A.	Ich bin zu egoistisch.	1
B.	Ich habe zu wenig Zeit mit ihm/ihr verbracht.	0

33. Ein Freund/eine Freundin verletzt mit einem Kommentar Ihre Gefühle.

		PmB
A.	Er/Sie sagt immer Dinge, ohne vorher nachzudenken.	1
B.	Er/Sie war in einer schlechten Stimmung und hat es an mir ausgelassen.	0

34. Ihr Arbeitgeber fragt Sie um Rat.

		PvG
A.	Ich bin ein Experte auf dem Gebiet.	0
B.	Ich gebe immer gute Ratschläge.	1

35. Ein Freund dankt Ihnen für die Hilfe während einer Krise.

		PvG
A.	Ich habe ihm gerne geholfen.	0
B.	Ich sorge mich um Menschen.	1

36. Sie amüsieren Sich auf einer Party.

		PsG
A.	Alle waren freundlich.	0
B.	Ich war freundlich.	1

37. Ihr Arzt sagt Ihnen, dass Sie kerngesund sind.

		PvG
A.	Ich stelle sicher, dass ich regelmäßig Sport treibe.	0
B.	Ich bin sehr robust.	1

38.   Ihr/e Lebenspartner/in lädt Sie zu einem romantischen Wochen-
      ende ein.

                                                            PmG
A.   Er/Sie muss mal ein paar Tage raus.   0

B.   Er/Sie erkundet gerne mal was Neues.   1

39.   Ihr Arzt weist Sie darauf hin, dass Sie zu viel Zucker essen.

                                                            PsB
A.   Ich habe zu wenig auf meine Ernährung geachtet.   1

B.   Zucker ist in allen Lebensmitteln.   0

40.   Sie bekommen die Verantwortung für ein wichtiges Projekt.

                                                            PmG
A.   Ich habe gerade ein ähnliches Projekt erfolgreich beendet.   0

B.   Ich bin ein guter Chef.   1

41.   Sie hatten eine große Auseinandersetzung mit Ihrem/r Lebens-
      partner/in.

                                                            PsB
A.   Ich habe mich in letzter Zeit reizbar und

      unter Druck gesetzt gefühlt.   1

B.   Er/Sie war in letzter Zeit feindselig.   0

42. Sie stürzen beim Skifahren.

		PmB
A.	Skifahren ist schwer.	1
B.	Die Spur war vereist.	0

43. Sie gewinnen eine prestigebeladene Auszeichnung.

		PvG
A.	Ich habe ein wichtiges Problem gelöst.	0
B.	Ich war der beste Mitarbeiter.	1

44. Ihre Aktien sind auf einem Allzeittief.

		PvB
A.	Ich kenne mich mit dem Wirtschaftsumfeld nicht gut aus.	1
B.	Ich habe ein paar schlechte Entscheidungen getroffen.	0

45. Sie gewinnen im Lotto.

		PsG
A.	Das war reines Glück.	0
B.	Ich habe die richtigen Zahlen gewählt.	1

46. Sie haben in den Ferien Gewicht zugenommen und können es nun
     nicht mehr abnehmen.

                                                                    PmB
A.   Eine Diät funktioniert langfristig nie.   1

B.   Die Diät, die ich gemacht habe, funktionierte nicht.   0

47. Sie sind im Krankenhaus und bekommen kaum Besuch.

                                                                    PsB
A.   Ich bin gereizt, wenn ich krank bin.   1

B.   Meine Freunde legen keinen Wert darauf,

     mich zu besuchen.   0

48. Ihre Kreditkarte wird in einem Geschäft abgelehnt.

                                                                    PvB
A.   Ich überschätze manchmal meinen finanziellen Spielraum.   1

B.   Ich vergesse manchmal meine Kreditkartenrechnung

     zu bezahlen.   0

Auswertung: "B" steht für "bad", zu deutsch schlecht. "G" steht für
"good", zu deutsch gut.

1. Zeitliche Dimension: Addieren Sie die folgenden Zahlen:
    −   PmB Fragen (5, 13, 20, 21, 29, 33, 42, 46): PmB_____
    −   PmG Fragen (2, 10, 14, 15, 24, 26, 38, 40): PmG_____

2. Verbreitungsdimension: Addieren Sie die folgenden Zahlen:
    −   PvB Fragens (8, 16, 17, 18, 22, 32, 44, 48): PvB_____
    −   PvG Fragen (6, 7, 28, 31, 34, 35, 37, 43): PvG_____

3. Für B-Fragen: Bei einem Gesamtwert von 0 oder 1 sind Sie sehr opimistisch, bei einem Wert von 2 oder 3 sind Sie moderat optimistisch, 4 ist Durchschnitt, 5 und 6 pessimistisch und 7 und 8 sehr pessimistisch.

4. Für die G-Fragen: Bei einem Gesamtwert von 7 oder 8 sind Sie sehr optimistisch, 6 ist leicht optimistisch, 4 und 5 ist Durchschnitt, 3 ist leicht pessimistisch und 0, 1 und 2 ist sehr pessimistisch.

5. Hoffnung: Addieren Sie die Werte der Rubrik PvB und PmB: HoB_____ 0, 1 und 2 bedeutet, dass Sie sehr hoffnungsvoll sind; 3, 4, 5 und 6 ist moderat hoffnungsvoll; 7 und 8 ist Durchschnitt; 9, 10 und 11 ist leicht hoffnungslos und 12, 13, 14, 15 und 16 ist sehr hoffnungslos.

6. Attributionsdimension: Addieren Sie die folgenden Zahlen

   – PsB Fragen (3, 9, 19, 25, 30, 39, 41, and 47): PsB_____
   – PsG Fragen (1, 4, 11, 12, 23, 27, 36, and 45): PsG_____
   – PsB: Ein Wert von 0 oder 1 weist auf ein sehr hohes Selbstbewusstsein hin; 2 bzw. 3 auf ein moderates Selbstbewusstsein; 4 ist Durchschnitt; 5 und 6 deuten auf ein geringes Selbstbewusstsein; 7 und 8 auf ein sehr niedriges Selbstbewusstsein.
   – PsG: Ein Wert von 7 oder 8 ist sehr optimistisch; 6 ist leicht optimistisch; 4 und 5 ist Durchschnitt; 3 ist leicht pessimistisch und 0, 1 und 2 bedeuten, Sie sind sehr pessimistisch.

7. Addieren Sie die drei B (PmB + PvB + PsB) zum Wert B: B_____

   Addieren Sie die drei G (PmG + PvG + PsG) zum Wert G: G_____

   Ziehen Sie B von G ab: G_____ - B_____ = Gesamtwert_____

   Bei einem B-Wert von 3 bis 6 sind Sie sehr optimistisch; zwischen 6 und 9 sind Sie leicht optimistisch; 10 und 11 ist Durchschnitt; 12 bis 14 leicht pessimistisch; alles über 14 ist sehr pessimistisch.

   Wenn Ihr G-Wert über 19 ist, dann sind Sie sehr optimistisch; 17 bis 19 ist leicht optimistisch; 14 bis 16 ist Durchschnitt; 11 bis 13 ist leicht pessimistisch; und ein Wert kleiner 10 ist sehr pessimistisch.

Ein Gesamtwert größer 8 ist sehr optimistisch; 6 bis 8 ist leicht optimistisch; 3 bis 5 ist Durchschnitt; 1 und 2 ist leicht pessimistisch, und alle Werte kleiner 0 sind sehr pessimistisch.

Pessimist: Was nun? – Ist Optimismus erlernbar?

Im Alltag hat sich gezeigt, dass es sinnvoll ist, eine realistisch optimistische Denkweise zu verfolgen, in welche Richtung auch immer, da Übertreibungen selten gut sind. Dieser realistische Optimismus kann durch eine Nachsicht gegenüber der Vergangenheit erreicht werden. Ein solcher positiver Perspektivenwechsel soll auch die positiven Seiten vergangener Handlungen erschließen. Eine Nachsicht gegenüber der Vergangenheit kann dadurch erreicht werden, dass die Situation als eine mit einem hohen Konsens, niedriger Konsistenz sowie hoher Differenzierbarkeit angesehen wird. So könnte beispielsweise ein Manager, der seine monatlichen Produktionszahlen nicht erreicht hat, feststellen, dass auch andere Firmen oder Werkbereiche betroffen sind (hoher Konsens) oder dies zum ersten Mal der Fall ist (niedrige Konsistenz) beziehungsweise nur die Produktivität betroffen ist, nicht aber die Qualität oder Sicherheit (hohe Differenzierbarkeit).

Die Wertschätzung der Gegenwart hilft, einen realistischen Optimismus zu entwickeln. So hat jede Situation auch gute Seiten. Diese können Sie gezielt wahrnehmen.

Das Suchen nach zukünftigen Möglichkeiten führt ebenfalls zu einer optimistischen Einstellung. Speziell führen soziale Netzwerke, Mentoring und Coaching, Rollenmodelierung, Gruppenarbeit sowie Freundschaften am Arbeitsplatz und informelle Veranstaltungen zu einem sogenannten Katalysieren pessimistischer Einstellungen, Wahrnehmungen und Erklärungen. Dadurch wird Optimismus gefördert. Gleiches gilt für positive Anreize, positive, konstruktive Rückmeldungen, soziale Anerkennung und Aufmerksamkeit.

Darüber hinaus stellt sich die Frage, ob man seinen Erklärungsstil situationsbezogen verändern kann. Die ABCDE-Methode bietet eine Antwort. Der Grundgedanke ist Folgender: Durch Widrigkeiten (A wie Adversity) entstehen Gedanken und Überzeugungen (B wie Beliefs) aufgrund der Interpretation des Ereignisses. Daraus wiederum erwachsen Konsequenzen (C wie Consequences) im Sinne von Emotionen und Handlungen.

Mittels eines Streitgesprächs (D wie Disputation), also einer Verhandlung mit sich selbst, können die Überzeugungen und somit die Konsequenzen verändert werden, so dass eine Mobilisierung (E wie Energization) entsteht.

Die ABCDE-Methode besteht darin, sich die aktuelle Widrigkeit, die Interpretation sowie die Konsequenzen bewusst zu machen, um dann mittels einer Verhandlung mit sich selbst die Wahrnehmung zu verändern, so dass eine Energetisierung anstatt einer Blockade entsteht. Während der ABC-Schritt meist unterbewusst und automatisch stattfindet, kann der DE-Schritt nur bewusst vollzogen werden.

Kern der ABCDE-Methode ist das D wie Disputation, also das innere Streitgespräch. Eine sogleich ausgeführte Ablenkung kann durch die Stopptechnik erfolgen. Dabei wird der negative Gedanke mittels einer physischen Tätigkeit, wie beispielsweise dem Schnippen eines Gummibandes am Handgelenk, dem Klingeln einer Glocke oder durch Betrachten einer Pappkarte mit einem Stoppschild unterbrochen. Sodann gilt es, die Aufmerksamkeit zu verändern und auf andere Gedanken zu lenken. Eine weitere Technik ist das Aufschreiben der negativen Gedanken und das gleichzeitige Terminieren einer Uhrzeit zum Durchdenken. Somit werden mentale Kapazitäten frei, die wiederum konstruktiv genutzt werden können.

Ein inneres Streitgespräch kann mit der Suche nach relativierenden Argumenten beginnen, da die spontane negative Reaktion meist zu extrem ausfällt. Dies kann auch mit der soeben vorgestellten Methode des realistischen Optimismus erfolgen. Eine realistische Einordnung ist die Folge. Dazu eignet sich auch eine Distanzierung. Überzeugungen sind nämlich nicht mit Fakten gleichzusetzen. Obwohl die meisten Menschen Streitgespräche mit anderen ja durchaus kennen, muss das Führen innerer Streitgespräche meist erst erlernt werden. Dabei haben sich vier Methoden bewährt.

Zum einen kann man gezielt nach Beweisen suchen. Wird die innere pessimistische Überzeugung nämlich durch das Finden von konträren Beweisen widerlegt, so kommt es zu einer spontan veränderten Wahrnehmung der Widrigkeit.

Eine weitere Methode ist das Suchen von Alternativen. Hier sollte eine Fokussierung auf Veränderbares, Spezifisches und Nichtpersönliches erfolgen.

Auch kann drittens eine Dekatastrophisierung genutzt werden. Denn selbst, wenn die Grundannahmen und pessimistischen Interpretationen der Widrigkeit sich als zutreffend erweisen, stellt sich meist heraus, dass die Folgen weniger katastrophal sind als angenommen.

Abschließend ist nach der Zweckmäßigkeit zu fragen. Oft sind die Konsequenzen einer Überzeugung relevanter als die Überzeugung selbst. Insofern können Sie darüber nachdenken, wie zweckmäßig die ursprüngliche Überzeugung war.

Ein Beispiel – Flexibler Optimismus im Alltag

Im Rahmen unseres sozialen Engagements unterrichten wir auch Positive Psychologie in Schulen. Wir glauben, dass gerade die Jugend erfahren sollte, wie Glück entsteht und dass man diesen Zustand aktiv beeinflussen kann. Deshalb vermitteln wir Fachwissen und konkrete, wissenschaftlich fundierte Techniken. Dies ist aus unserer Sicht ein wichtiger Beitrag zur Prävention jeglicher negativer Lebenssituationen.

Unser Beispiel entstammt einer regelmäßigen Unterrichtstätigkeit an der Auguste-Viktoria Schule in Itzehoe. In einer Oberstufenklasse erklärten wir das Konzept des Optimismus. Nach einigen theoretischen Erläuterungen stellten wir die ABCDE-Methode vor. Zum Zwecke der anschaulichen Darstellung wurden die Schüler/innen gebeten, eine negative Lebenserfahrung aus den vergangenen Tagen zu erinnern.

Ein Schüler hatte vor einigen Wochen gerade seine Führerscheinprüfung bestanden. Nun fuhr er fleißig mit dem elterlichen Auto. Vor einigen Tagen nun hatte er beim unvorsichtigen Ausparken auf dem Parkplatz eines Supermarktes ein anderes Auto gerammt.

Sofort spielte sich das Pessimismus-ABC automatisch in seinem Kopf ab. Der Unfall stellt hier die Widrigkeit (A wie Adversity) dar. Es entstanden neue negative Gedanken und Überzeugungen (B wie Beliefs) aufgrund der Interpretation des Ereignisses. Der Schüler dachte: „Ich bin völlig ungeeignet zum Auto fahren. Ich bin ein schlechter Fahrer und viel zu unvorsichtig." Daraus wiederum erwuchsen Konsequenzen (C wie Consequences) im Sinne von Emotionen und Handlungen. Der Schüler fühlte sich deprimiert und niedergeschlagen. Er sagte: „Ich werde den Führerschein sofort wieder verlieren. Zusätzlich muss ich den Schaden an dem anderen Auto bezahlen, wozu mir das Geld fehlt. Meine Eltern werden mir nie wieder das Auto geben."

Als wir im Unterricht über dieses Ereignis sprachen stellte sich heraus, dass der Schüler tatsächlich seitdem nicht mehr selbst gefahren war. Er war immer noch niedergeschlagen und begann allgemein an sich zu zweifeln. Sein Selbstbewusstsein war schwer angeschlagen.

In einem ersten Schritt machten wir die Klasse auf das ABC aufmerksam. Wir zeigten auf, wie sich Menschen ihre Umwelt erklären und was dies bei einem pessimistischen Erklärungsstil für Folgen hat. Dann entwickelten wir die Lösung.

Mittels (D wie) Disputation, also einer Verhandlung mit sich selbst, können die Überzeugungen und somit die Konsequenzen verändert werden. Zuerst haben wir mit der Klasse zusammen nach Beweisen für seine Annahmen gesucht. Es stellte sich heraus, dass er seinen Führerschein nicht verlieren wird. Auch war das elterliche Auto Vollkasko versichert. Die Eltern fuhren länger als fünf Jahre unfallfrei, darum übernahm die Versicherung sämtliche Schadenskosten, ohne die Versicherungsprämie anzuheben. Zudem fand ein Gespräch mit seinem ehemaligen Fahrlehrer statt. Dieser bestätigte dem Schüler, dass er ein talentierter Fahrer ist und in den Fahrstunden und der Fahrprüfung sehr gute Leistungen gezeigt hatte. Eine Dekatastrophisierung war die Folge.

Nun haben wir mit der ganzen Klasse nach Alternativen gesucht. Es war verständlich, dass der Schüler immer noch sehr verunsichert war und an sich zweifelte. Wir machten ihm klar, dass Nichtfahren keine Lösung ist. Was aber war die Alternative? Der Schüler schlug vor, dass er das erste Jahr nur in Begleitung erfahrener Fahrer, also beispielsweise mit seinen Eltern, fahren würde. Dies würde ihm Sicherheit geben. Gleichzeitig hat er so die Möglichkeit zu üben.

Zusammenfassend bemerkte der Schüler selbst, dass seine Annahmen und Verhaltensmuster nicht zweckmäßig waren. Eine Mobilisierung (E wie

Energization) entstand. Optimismus wurde flexibel eingesetzt und entwickelte einen sofortigen und konkreten Nutzen.

Take-Away-Message

Ein Optimist ist ein Mensch, der positive Ereignisse als permanent, alle Lebensbereiche umfassend und eigenverursacht ansieht. Negative Ereignisse gelten in seiner Wahrnehmung als temporär, nur ein einziges Event betreffend und fremdverursacht.

Ein Pessimist nimmt positive Ereignisse als temporär, nur ein einziges Event betreffend und fremdverursacht wahr. Negative Ereignisse werden als permanent, alle Lebensbereiche umfassend und eigenverursacht angesehen.

Optimismus oder Pessimismus beziehungsweise ein entsprechender Erklärungsstil kann mittels des Attributional Style Questionnaire (ASQ) von Prof. Peterson und seinen Kollegen gemessen werden. Damit stellen Sie fest, wie Sie sich Ihre Welt erklären.

Ein weiteres Instrument in diesem Zusammenhang ist der Wertetest von Grid. Mit ihm können Sie Ihre persönlichen Einstellungen kennenlernen. Aus Platzgründen konnten wir diesen Test leider nicht mehr aufnehmen. Weitere Informationen finden Sie auf der Internetseite www.grid-eu.com, wo Sie diesen Test auch durchführen können.

Ein Pessimist kann zu einem Optimisten werden. Anzustreben ist ein realistischer Optimismus sowie ein flexibler Optimismus.

Zu einem realistischen Optimismus können Sie mittels der Nachsicht gegenüber der Vergangenheit, dem Wertschätzen der Gegenwart und dem Suchen nach zukünftigen Möglichkeiten gelangen.

Im Zentrum des flexiblen Optimismus steht die ABCDE-Methode. Die ABCDE-Methode besteht darin, sich die aktuelle Widrigkeit, die Interpretation, sowie die Konsequenzen bewusst zu machen, um sodann mittels einer Verhandlung mit sich selbst die Wahrnehmung zu verändern, so dass eine Energetisierung anstatt einer Blockade entsteht.

Resilienz - Trotz Widrigkeiten zurückfedern

Historisch betrachtet faszinierten Geschichten, Mythen, Märchen und Literatur von Menschen, die trotz Widrigkeiten erfolgreich ihr Leben meistern, schon immer (vgl. hier und im Folgenden Masten et al. (2009)). In der modernen Psychologie wird diese Fähigkeit der „Helden" als Resilienz oder Widerstandsfähigkeit bezeichnet.

Widerstandsfähigkeit – Was ist das?

Widerstandsfähigkeit ist die Fähigkeit, trotz Widrigkeiten, Konflikt, Misserfolg oder positiven Ereignissen, Fortschritt und Verantwortungszunahme, zurückzufedern. Immer wenn es zu einem Abweichen vom Gleichgewichtspunkt kommt, bedarf es einer positiven Anpassung durch die menschliche Psyche. Widrigkeiten und Risiken, förderliche und schützende Faktoren sowie Werte spielen bei positiven Anpassungsprozessen eine sich gegenseitig beeinflussende Rolle.

Unter Risiken versteht man dabei sowohl potentielle Risiken als auch situationsweise Stress auslösende Ereignisse. Unter Stress auslösenden Ereignissen wären (im beruflichen Umfeld) sowohl Insolvenzen, gescheiterte Vertragsverhandlungen als auch große Geschäftsabschlüsse oder ein neuer Job oder im Privaten zum Beispiel Scheidungen, familiäre Todesfälle usw. zu verstehen. Unter potentiellen Risiken kann man zum Beispiel Auslandstätigkeiten in kulturell unterschiedlichen Regionen oder extensive Reisetätigkeiten einordnen. Widerstandsfähig ist folglich ein Mitarbeiter oder ein Manager, der diese Widrigkeiten erfolgreich bewältigt. Risiken sollten allerdings niemals ganz vermieden werden, da sie Menschen ermöglichen zu wachsen und widerstandsfähiger zu werden.

Widerstandsfähigkeit wird durch förderliche und schützende Faktoren, sogenannte Assets, begünstigt. Dies können wahrnehmungsorientierte Fähigkeiten, positive Selbstwahrnehmungen, Temperament, religiöser Glaube, ein positiver Lebensausblick, emotionale Stabilität, Selbstregulation, Humor, Unabhängigkeit, soziale Beziehungen, Initiative, Kreativität, Moral sowie ein genereller Anreiz sein. Grundsätzlich können sämtliche, in diesem Teil diskutierten, positiv-psychologischen Konzepte als Assets angesehen werden.

Als dritte Variable beeinflussen Werte die Widerstandsfähigkeit. Diese leiten, formen und ermöglichen Konsistenz und Sinn.

Exkurs: Die RAW-Analyse™: Risiken, Assets und Werte - Wie ist Ihre persönliche Situation?

Viele Menschen reflektieren über ihre persönliche Situation unserer Meinung nach zu unsystematisch. Aus diesem Grund möchten wir Ihnen die folgende, sehr interessante Übung empfehlen. Nehmen Sie sich dazu ein weißes DIN A4 Blatt. Unterteilen Sie dieses in drei Abschnitte. Versehen Sie den ersten Abschnitt mit der Überschrift „Risiken", den zweiten mit „Assets" (förderliche und schützende Faktoren) und den dritten mit „Werte".

Bitte denken Sie nun ganz präzise über Ihr momentanes Leben nach.

Welchen potentiellen Risiken (beispielsweise Auslandstätigkeit, starke Reisetätigkeiten, ...) kommen in Frage? Welche Stress auslösenden Ereignisse (beispielsweise gescheiterte Vertragsverhandlungen, hohe Arbeitsbelastung, keine Freizeit, Scheidung, familiäre Todesfälle, ...) treten bei Ihnen auf? Schreiben Sie diese in den Abschnitt „Risiken". Bedenken Sie, dass es nicht Ihr Ziel sein sollte, keinen Risiken ausgesetzt zu sein, da sonst keine Widerstandsfähigkeit entstehen kann.

Über welche Assets (beispielsweise intellektuelle Fähigkeiten, religiöser Glaube, familiärer Rückhalt, Freunde, Humor, ...) verfügen Sie? Schreiben Sie diese in den Abschnitt „Assets".

Was sind Ihre Werte? Was ist Ihnen wichtig im Leben? Wonach leben Sie? Schreiben Sie diese in den Abschnitt „Werte".

Wir empfehlen Ihnen, diese Übung alle drei Monate zu wiederholen. Machen Sie sich regelmäßig Gedanken über Ihre aktuelle Lebenssituation. Suchen Sie nach gezielten Verbesserungen.

Widerstandsfähigkeit kann sich in der zeitlichen Perspektive stark verändern. Speziell drei Entwicklungswege stehen im Mittelpunkt der Forschung. Entwicklungsweg A zeigt eine durchschnittlich positive Entwicklung. Bei Entwicklungsweg B kommt es nach einer anfänglich durchschnittlichen Entwicklung durch ein beispielsweise traumatisches Erlebnis zu einer negativen Entwicklung, von der sich der entsprechende Mensch dann wieder erholen konnte und somit zu einem durchschnittlichen Entwicklungsniveau zurückkehren konnte. Bei Entwicklungsweg C beginnt die Entwicklung fehlangepasst. Durch eine zweite Chance im Leben wie beispielsweise eine Karriereoption, Liebesbeziehung oder religiöse Bekehrung kommt es zu einer Neuausrichtung des Lebensweges.

Abbildung 4.1 Widerstandsfähigkeitsentwicklungswege (Quelle: Masten et al. (2009), S. 125)

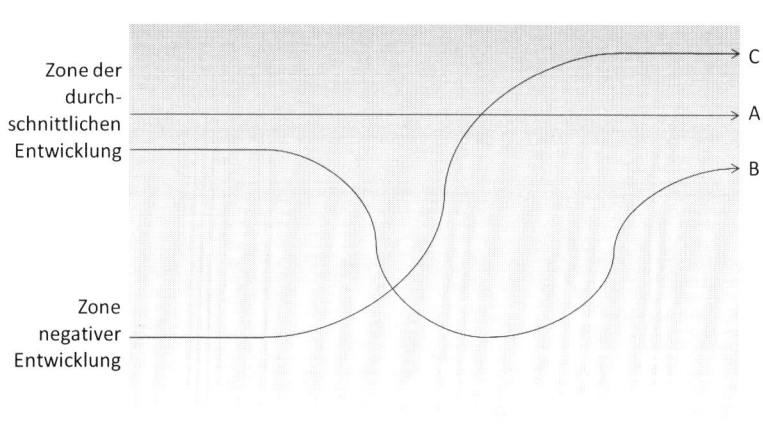

Widerstandsfähigkeit hat positive Auswirkungen auf die Leistungsfähigkeit am Arbeitsplatz, da die Arbeitsplatzzufriedenheit, das organisationale Engagement sowie das soziale Kapital dadurch zunehmen. Dies lässt sich wiederum mit den dynamischen und komplexen Umfeldern erklären, in denen sich Unternehmen heutzutage bewegen. Heutige Mitarbeiter und Manager realisieren, dass herausragende Leistungen nur durch proaktives Lernen, sowie Wachstum durch Widrigkeiten und somit Widerstandsfähigkeit möglich sind.

Widerstandsfähige Manager strahlen nach unten aus, so dass auch die Mitarbeiter und somit letztendlich die gesamte Organisation widerstandsfähiger werden.

Wie wird man widerstandsfähiger?
Der weiter vorn bereits vorgestellte Test zur Messung des psychologischen Kapitals misst auch die Ausprägung der Widerstandsfähigkeit. Lagen Ihre Werte im grünen Bereich?

Wie bereits angedeutet, kann psychologisches Kapital als Asset im Bereich der Widerstandsfähigkeit eingestuft werden. Insgesamt lassen sich drei praxisorientierte Entwicklungs- und Umsetzungsstrategien herausarbeiten (vgl. hier und im Folgenden Masten/Reed (2002)).

Mittels einer assetfokussierten Strategie gilt es erstens, die förderlichen und schützenden Faktoren zu schaffen und zu stärken, so dass die Wahrscheinlichkeit, positive Ergebnisse zu erzielen, trotz Widrigkeiten zunimmt. Hier sind besonders das Humankapital (Bildung, Erfahrung, Wissen, Qualifikationen und Fähigkeiten), soziales Kapital (Beziehungen und Netzwerke) sowie psychologisches Kapital inklusive der Stärkenorientierung und des Flow zu nennen. Entweder können Mitarbeiter eingestellt werden, die über entsprechende Fähigkeiten verfügen, oder bestehende Mitarbeiter können entsprechend geschult werden.

Das gezielte Eingehen auf und Managen von notwendigen Risikofaktoren führt zweitens zu einer Entwicklung von Widerstandsfähigkeit. Bei der Bewältigung der Risiken können Coachings und Mentorings durch konstruktive Rückmeldungen die Entwicklung von Widerstandsfähigkeit fördern.

Im Sinne prozessfokussierter Strategien – was also das Zusammenspiel aller Faktoren wie schützende Faktoren, Werte und Risiken angeht – lassen sich drittens Prozesse identifizieren, die zu einer positiven Bewältigung von Widrigkeiten führen. Speziell eine selbstaufmerksame Haltung und eine Selbstregulation von Emotionen und Handlungen können solche Prozesse fördern.

Ein Beispiel - Lob steigert die Widerstandsfähigkeit

In diesem Beispiel geht es um ein Mitarbeiterteam bestehend aus 16 Personen. Es handelt sich um die Personalabteilung eines großen, internationalen Handelskonzerns. Das Team ist untergliedert in zwei Teilteams: Administration und Entwicklung.

Ziel der Teamentwicklung ist es, ein besseres Verständnis für die einzelnen Mitglieder des Teams und eine bessere und höhere Außenwahrnehmung zu erreichen. Zunächst durchlaufen alle Teammitglieder den Clifton StrengthsFinder® und erhalten ein persönliches Feedbackgespräch. Daran anschließend wird das Teammatching durchgeführt. In den für Teamarbeit wichtigen Kategorien Außenwirkung, Leadership und Kommunikation ist das Talentprofil nicht sehr stark ausgeprägt. In der Diskussion wurde angemerkt, dass man in diesem Unternehmen bescheiden zu sein hat. Der Grundsatz lautet: Nicht getadelt ist schon genug gelobt. Bei einer anschließenden Befragung wurde herausgefunden, dass sich die Mitarbeiter viel zu wenig wahrgenommen und anerkannt fühlten. Verwunderlich für die Mitarbeiter war dann die Aufforderung, selbst mit dem Lob und der Anerkennung in ihrem Kollegenkreis zu beginnen.

Ein Ansatz zur Steigerung der Widerstandsfähigkeit besteht also darin, Lob auszusprechen. Lob stärkt unser Selbstbewusstsein. Insgesamt hat Kritik eine nachhaltigere Wirkung als Lob, da Menschen – wie einführend schon aufgezeigt – negative Emotionen stärker wahrnehmen als positive. Lob zeigt uns, was wir gut können, worauf wir fokussieren sollten und treibt uns an, noch besser zu werden, während Kritik defensiv macht und so Veränderungen im Wege steht. Lob schafft ein positives Klima! Neun von zehn Menschen arbeiten lieber mit positiven Menschen zusammen als mit negativen. Doch wie führt man nun positiv wirksame Mitarbeiter-Feedback-Gespräche?

Es ist erstens eine konkrete Verhaltensweise oder ein Arbeitsergebnis zu kritisieren und nicht die Person als solche. Diese Kritik sollte punktuell erfolgen und nicht zu einer Dauerkritik führen, da diese nur Verunsicherung erzeugen würde. Durch Lob werden zweitens die Stärken des Mitarbeiters deutlich. Es sind Einsatzmöglichkeiten herauszuarbeiten, so dass Stärkenorientierung gelebt wird. Dabei sollten konkrete Verhaltensweisen oder Arbeitsergebnisse immer binnen sieben Tagen gelobt werden, da sonst keine emotionale Verknüpfung mehr möglich ist.

Ein Ansatz zur Steigerung der Widerstandsfähigkeit nennt sich Drop (www.bucketbook.com) (zu Deutsch: Wassertropfen): Bildlich gesprochen hat jeder Mensch einen Eimer, der unterschiedlich stark gefüllt ist, je nachdem, was wir tun und sagen beziehungsweise andere tun und zu uns sagen. Ist der Eimer voll, fühlen wir uns gut! Ist er leer, fühlen wir uns schlecht. Jeder von uns hat nun eine unsichtbare Schöpfkelle. Wenn wir diese verwenden, um den Eimer eines anderen – in dem wir ihm oder ihr beispielsweise etwas Gutes tun und somit positive Emotionen in ihm oder ihr auslösen – zu füllen, füllt sich automatisch auch unser eigener Eimer. Benutzen wir die Schöpfkelle, um aus anderen Eimern etwas abzuschöpfen, z. B. durch negative Kommentare, so leert sich auch unser Eimer. Ein voller Eimer gibt uns Energie und macht uns stärker. Ein leerer Eimer entzieht uns Energie. Jeden Moment in unserem Leben haben wir somit die Wahl: Wir können andere Eimer und somit unseren eigenen füllen, oder andere Eimer und somit unseren leeren. Diese Entscheidung beeinflusst unsere Beziehungen, Produktivität, Gesundheit und Glücksempfinden.

Im vorliegenden Beispiel wurden an die Mitarbeiter kleine Klebezettel in Wassertropfenform ausgegeben. Diese sollten sie mit Dingen beschriften, für die sie anderen dankbar sind. Dieser Lobzettel wird sodann überreicht. Dabei kann man für ganz verschiedene Sachen dankbar sein: das Aufhalten des Fahrstuhls, eine gute Zuarbeit, ein produktives Meeting, usw.

Am Anfang wurde diese Übung, die im Alltag über mehrere Monate oder sogar permanent angewendet werden soll, belächelt. Durch das Symbol des Wassertropfens wird aber das Konzept der Dankbarkeit und des Lobens spielerisch eingeführt.

Schon am ersten Tag nach der Teamentwicklung hat sich das ganze Team an dieser Übung beteiligt. Heute ist der Ausdruck von Lob und Dankbarkeit Teil des Berufsalltags. Die Stimmung und das Betriebsklima haben sich nachhaltig verbessert. Das Engagement hat zugenommen. Ebenfalls wurde die Außenwirkung der Abteilung stark verbessert.

Take-Away-Message

Widerstandsfähigkeit ist die Fähigkeit, trotz Widrigkeiten, Konflikt, Misserfolg oder positiven Ereignissen, Fortschritt und Verantwortungszunahme zurück zu federn, also zum Beispiel nicht zu verzweifeln in scheinbar ausweglosen Situationen.

Widrigkeiten und Risiken, förderliche und schützende Faktoren sowie Werte spielen bei positiven Anpassungsprozessen eine sich gegenseitig beeinflussende Rolle.

> Werden Sie sich Ihrer Risiken, förderlichen und schützenden Faktoren sowie Ihrer Werte bewusst!
>
> Speziell Lob steigert in Unternehmen die Widerstandsfähigkeit. Richtiges Loben kann man lernen. Mittels der Tropfen-Technik macht Lob Spaß und wird spielerisch eingeführt.

Zwischenbilanz

Die Zielsetzung der Kapitel zwei bis vier war es, die Ressourcen eines Menschen darzustellen. Sie sind die Voraussetzung, um durch Relationen, also Beziehungen, positive Resultate zu erzielen. Dabei haben viele Ressourcen, wie angedeutet, per se positive Resultate zur Folge. Zum einen wird das Wohlbefinden der Mitarbeiter direkt gefördert. Zum anderen haben solche Ressourcen auch direkte Auswirkungen auf die Resultate.

Ein wichtiger Baustein ist die Talentorientierung. Hier gilt es, zuerst die eigenen Talente zu erkennen, um diese in den Alltag einzubauen.

Engagement ist mit dem Konstrukt Flow verbunden. Flowzustände treten immer dann auf, wenn hohe Anforderungen auf hohe Fähigkeiten treffen. Ziel eines jeden Menschen sollte es sein, möglichst viel Flow zu empfinden, da so positive Emotionen entstehen. Spaß und Freude auch während der Arbeit sind die Folge. Dabei können Flowzustände gezielt identifiziert und sodann ausgeweitet werden.

Psychologisches Kapital beinhaltet vier Konstrukte aus der Positiven Psychologie. Selbstwirksamkeitsüberzeugungen sind elementar für den Erfolg. Hoffnung ist im Zusammenhang mit Zielen zu sehen, die wichtig für das Erreichen positiver Emotionen und Handlungen sind. Optimistisch sind Menschen mit einem entsprechenden Erklärungsstil, der im Alltag positive Emotionen ermöglicht. Gerade in den heutigen dynamischen und komplexen Wirtschaftsumfeldern ist Widerstandsfähigkeit wichtig, da vielfältigste Lebensereignisse den Menschen aus dem Gleichgewicht bringen können.

5 Vision - Sinngebung schafft Identifikation und Motivation

„Menschen möchten geführt werden [...] aber nicht kontrolliert. Sie möchten inspiriert werden [...] aber nicht manipuliert. Sie möchten sich individuell einbringen [...] aber gleichzeitig auch Teil einer größeren Gemeinschaft sein, die Sinn und Signifikanz aufs eigene Leben ausstrahlt." (Carlson / McKee / Robinson (2006), S. 3).

Der Mensch ist bestrebt, Sinn im Leben zu erfahren. Dieser Sinn wird in Unternehmen auf einer globalen Ebene mittels einer Unternehmensvision vermittelt.

Das Empfinden von Sinn - Ein menschliches Grundbedürfnis

Sinn ist die Bedeutung und Bewertung, die bei einer Tätigkeit, einem Geschehen oder einem Ereignis wahrgenommen oder erlebt wird (vgl. hier und im Folgenden Creusen/Müller-Seitz (2009) sowie Pattakos (2005)). Sinn wird erfahren, wenn diese Bewertung förderlich, positiv und bejahend ist, so dass Akzeptanz und positive Emotionen entstehen.

„Entscheidend ist, dass wir das, was wir tun, als sinn- und wertvoll erleben und dass wir dafür Unterstützung und Anerkennung erleben." (Jesper Juhl, Familienkalender 2010, Dienstag, 16. März 2010).

Das Leben widerfährt uns. Dabei ist jeder Lebensweg individuell. Unsere Aufgabe ist es, authentischen Sinn in unserem Leben zu finden. Und zu einem sinnvollen Leben gehört auch sinnvolle Arbeit. Die Suche nach Sinn – und nicht die Suche nach Vergnügen oder Macht – gibt unserem Leben Erfüllung.

Viktor Frankl, der den Holocaust überlebte und einer der wichtigsten Psychologen des vergangenen Jahrhunderts war, betont sogar, dass das Leben auch und gerade dann, wenn wir leiden, nicht sinnlos wird, selbst wenn es noch so ernst um uns steht. Seine Arbeiten erkennen die Schwächen des Menschen an, aber auch den Sinn, der hinter dieser Schwäche steht.

Er hat in den drei Jahren, die er in Konzentrationslagern verbrachte, Verzweiflung durchlebt und trotzdem Sinn gefunden. Er musste diesen Sinn nicht schaffen. Er war schon da und wartete auf ihn. Genauso ist es im Beruf. Wir können uns dem Sinn öffnen. Wenn wir innehalten und uns selbst und anderen gegenüber aufgeschlossen sind, dann steigern wir unmittelbar unsere Lebensqualität und auch die der anderen. Damit sagen wir nicht, dass Sorgen und Nöte zu leugnen sind.

„Anders als Freud oder Adler hält Frankl die Erfüllung eines Sinns und die Verwirklichung von Werten für die eigentliche Bestimmung des Menschen, nicht die bloße Befriedigung von Trieben und Instinkten. [...] Es ist der Traum, der uns verführt, während das Vergnügen selbst sich verflüchtigt. [...] Das wahre Glück erleben wir genau dann, wenn wir nicht damit rechnen. Es sind überraschende Momente, unplanbare Geschenke, Augenblicke, die sogar unsere Vorstellung von Vergnügen übersteigen." (Pattakos (2005) S. 83f.).

In der Positiven Psychologie erforschen Wissenschaftler auch, warum manche Menschen nach traumatischen Erlebnissen, wie beispielsweise dem Verlust eines Beines bei einem Verkehrs- oder Sportunfall, glücklicher und zufriedener mit ihrem Leben sind. Viktor Frankl hat hierfür eine Erklärung:

„Soll das nun heißen, Leiden sei notwendig, um Sinn zu finden? Das wäre ein grobes Missverständnis. Was ich meine, ist [...] dass Sinn möglich ist trotz Leidens, um nicht zu sagen: durch ein Leiden – vorausgesetzt, dass das Leiden notwendig ist, das heißt, dass die Ursache des Leidens nicht behoben werden kann." (Pattakos (2005) S. 45).

Doch wie entsteht Sinn? Sinnerfahrungen entspringen verschiedensten Quellen. Sie werden im Berufsalltag meist aus mehreren Quellen gespeist.

Für Unternehmen ist es wichtig, die Mitarbeiter bei der Sinnfindung und Sinngebung zu unterstützen. Speziell negativer Stress, sogenannter Disstress, beeinträchtigt die Sinnerfahrungen.

Meistens sind Sinnerfahrungen kurzfristiger Art. Menschen erleben Sinnerfahrungen überwiegend bei kleineren Ereignissen im Berufsalltag, zum Beispiel bei der Unterstützung von Kollegen, einem gemeinsamen Mittagessen in der Kantine, erfolgreichen Meetings oder dem Zufriedenstellen von Kunden. Selbst Tätigkeiten wie das Sortieren und Einordnen von Akten können als Sinnerfahrung angesehen werden. Werden diese Einzeltätigkeiten durch eine Vision in einen größeren Rahmen gestellt, so erleichtert dies Sinnerfahrungen.

Längerfristige Sinnerfahrungen werden zum Beispiel bei den folgenden Tätigkeiten empfunden: dem Aufbau einer beruflichen Existenz, in einer Ausbildung oder Fortbildung, bei der Gründung einer Familie, der Betreuung heranwachsender Kinder oder dem Bau eines Hauses. Einige Menschen geben ihrem Leben ein Thema, so dass eine Gesamt-Sinnerfahrung entsteht. Dies trifft allerdings nur auf die wenigsten Menschen zu.

Eine zu hohe Komplexität erschwert die Sinnfindung. Je umfassender das Geschehen, desto schwerer kann Sinn empfunden werden, da es schnell zu einer Überforderung der mentalen Fähigkeiten kommt. Sinnerfahrungen sind darüber hinaus sehr individuell. Menschen können die gleichen Ereignisse unterschiedlich wahrnehmen. Empfindet ein Arbeitnehmer beispielsweise die zwischenmenschlichen Beziehungen am Arbeitsplatz und die Maßnahmen der Betriebsleitung als unbefriedigend, kann er dennoch seine Berufstätigkeit generell als sinnvoll, beispielsweise für die materielle Existenzsicherung seiner Familie, ansehen.

Vielen Menschen sind die Sinnerfahrungen ihres Berufsalltags nicht bewusst. Dies liegt daran, dass Sinnerfahrungen vielfach durch negativen Stress „verdunkelt" werden.

Sinnerfahrungen treten im Alltag in verschiedenen Situationen auf. So wird Sinn speziell dann empfunden, wenn Ziele erreicht und Aufgaben erfüllt werden. Selbstwirksamkeitsüberzeugungen wirken hier unterstützend. Altruistisches, also selbstloses, Verhalten wird von vielen Menschen als sinngebend angesehen. Positive seelische und körperliche Erfahrungen vermitteln das Gefühl, akzeptiert und geschätzt zu werden, so dass auch sie eine Quelle von Sinn sind. Gleiches trifft auf das Verstehen von Zusammenhängen zu. Erschließt man sich bisher unverständliche Zusammenhänge, ist man weniger irritiert und entmutigt, so dass Sinn empfunden wird. Glauben, Hoffen und Vertrauen wirken ebenfalls sinnfördernd. Der Sinn wird häufig nicht unmittelbar erkannt oder wahrgenommen, aber Vertrauen oder Hoffnung sind gegenwärtig. Das Ergebnis einer ordnenden Tätigkeit, die sichtbare Bedeutung des Ganzen, wird als sinnvoll erlebt. Die Fähigkeit, Zusammenhänge zwischen unserem Verhalten und einigen Auswirkungen dieses Verhaltens zu sehen, ist überlebenswichtig für Menschen. Diese können Ereignissen, Vorgängen oder Tätigkeiten einen Sinn geben. Auch vergangene, belastende Ereignisse können dabei einen Sinn erhalten, etwa dadurch, dass aus ihnen gelernt wird. Gelingt es, auch in belastenden, negativen Ereignissen einen Sinn zu sehen oder ihnen einen Sinn zu geben, dann vermindern sich Belastungen deutlich.

Viktor Frankl beschreibt sieben zentrale Prinzipien, wie Sinnhaftigkeit entsteht:

„1. Wir können unsere Einstellung gegenüber allem frei wählen, was uns widerfährt. 2. Wir können unseren Willen zum Sinn erfüllen, wenn wir uns bewusst für sinnvolle Werte und Ziele engagieren. 3. Wir können in jedem Augenblick unseres Lebens Sinn entdecken. 4. Wir können lernen zu erkennen, wie wir nicht gegen uns selbst arbeiten. 5. Wir können uns aus der Distanz betrachten, um Einsichten und neue Perspektiven zu entwickeln, und über uns selbst lachen. 6. Wir können unsere Aufmerksamkeit so lenken, dass wir auch sehr schwierige Situationen bewältigen. 7. Wir können über uns hinauswachsen und die Welt verändern, und sei es nur ein kleines bisschen." (Pattakos (2005) S. 25 f.).

Übung: Sinn auch in schwierigen beruflichen Situationen (Quelle: Pattakos (2005), S. 33)

„Vergegenwärtigen Sie sich eine Begebenheit, in der Sie Ihren Beruf oder Arbeitsplatz als außerordentlich negativ empfanden (das könnte auch Ihre derzeitige Situation betreffen). Vielleicht behagte Ihnen die Tätigkeit selbst nicht, vielleicht waren Ihnen Vorgesetzte, Kollegen oder Mitarbeiter unangenehm. Haben Sie sich als Opfer von Umständen gesehen, die Sie nicht beeinflussen konnten, oder lag es Ihrem Eindruck nach auch an Ihnen selbst, dass es so weit gekommen war, fühlten Sie sich also in irgendeiner Form mitverantwortlich? Was haben Sie, wenn überhaupt, dagegen unternommen? Wenn Sie daran zurückdenken, was haben Sie daraus gelernt? Was würden Sie heute anders machen?"

Menschen, die Sinn empfinden, erfahren positive Emotionen, Harmonie und Lebenszufriedenheit. Motivation, Einsatzbereitschaft und Leistungsfähigkeit nehmen auch im Berufsalltag zu. Müdigkeit, Belastungen und Schmerzen nehmen ab. Insofern gibt es einen Zusammenhang zwischen seelischer Gesundheit und Sinn. Menschen, die häufiger Sinn erleben, sind eher seelisch gesund und seelisch gesunde Personen erleben häufiger Sinn.

Umgekehrt entsteht Sinnlosigkeit immer dann, wenn es zu einem Nichtverstehen äußerer Vorgänge kommt. Dadurch werden häufig Ärger und Aggressivität ausgelöst oder Hilflosigkeit und Ohnmacht. Sehr deutlich sind die Beeinträchtigungen bei Schülern und Studierenden, die den Unterrichtsstoff und seine unnötig schwer verständliche Darbietung als sinnlos empfinden. Diese von vielen Menschen erfahrene Sinnlosigkeit, auch bei Behördenerlassen, Gebrauchsanweisungen, Gesetzestexten löst Sinnlosigkeit aus. Untersuchungen belegen, dass viele Amts- und Gesetzestexte sowie Texte des alltäglichen Berufslebens unnötig kompliziert und schwer verständlich sind. Alle diese Texte lassen sich durch eine Verbesserung von vier wesentlichen Textmerkmalen (Einfachheit, Gliederung, Prägnanz, anregende Zusätze) deutlich verständlicher gestalten, so dass das Sinnempfinden von Menschen, die hiermit in Berührung kommen, zunimmt.

Ebenfalls wird Sinnlosigkeit bei einem Nichtverstehen innerer Vorgänge ausgelöst. Dies ist zum Beispiel bei Depressionen, Angstzuständen und Psychosen der Fall. Das Nicht-verstehen-Können führt dann zu einer tiefen Beunruhigung, zu Stressbelastungen und zu weiterer Minderung der seelischen Gesundheit.

Besonders Menschen mit einer geringen emotionalen Stabilität sowie Menschen mit nicht hinreichender sozialer Kompetenz erleben Sinnlosigkeit bei ungünstigen, belastenden zwischenmenschlichen Beziehungen. Sinnempfinden wird auch verhindert, wenn Ziele, die als notwendig, wünschenswert und sinnvoll erachtet werden, unerreichbar sind. Insbesondere Verluste, wie beispielsweise der Verlust des Arbeitsplatzes, führen zu einem Sinnverlust. Wenn sich Tätigkeiten, Ziele und Ideale, die lange ausgeübt wurden oder für die sich Menschen lange Zeit eingesetzt haben, als falsch erweisen, empfinden diese Menschen in ihrer Enttäuschung das Gefühl von Sinnlosigkeit. Fehlen Sinnerfahrungen in verschiedenen wichtigen Lebensbereichen, so können sich diese Mangelerfahrungen summieren und Sinnempfinden unmöglich machen.

Die Folgen von Sinnverlust sind sehr negativ. Es kommt zu Entmutigung, Hoffnungslosigkeit, Passivität, Resignation, Depression, Stressempfinden und Aggressivität sowie Erschöpfung, Leistungsabfall und Schmerzempfinden. Das Arbeitsengagement sinkt.

Abschließend möchten wir anmerken, dass laut Prof. Seligman Sinnerfahrungen im Leben entstehen, wenn man seine Stärken kennt und diese nicht nur im Alltag, sondern für etwas „Größeres" einsetzt. Dies können beispielsweise gemeinnützige Tätigkeiten sein.

Vision - Sinn auch im Unternehmen

Unternehmen mit einer Vision sind erfolgreicher als andere. Dies mag daran liegen, dass eine Vision Sinnerfahrungen auf Mitarbeiterseite ermöglicht (vgl. hier und im Folgenden Creusen/Eschemann (2008)). James C. Collins und Prof. Dr. Jerry I. Porras haben erfolgreiche Unternehmen untersucht, die durch eine starke Unternehmensvision allen ihren Partnern Sinn vermittelten, und diesen Prozess standardisiert. Collins ist Unternehmensberater und Gründer des Zentrums für Managementforschung in Bolder/Colorado/USA, Porras Professor für Unternehmensorganisation und Verhaltenspsychologie an der kalifornischen Stanford Universität.

Die heutigen Wettbewerbsumfelder sind sehr dynamisch und komplex. Das bedeutet, dass sich Unternehmen schnell und flexibel neuen Marktgegebenheiten anpassen müssen. Beliebigkeit und Unverbindlichkeit könnten die Folge davon sein. Eine Unternehmensvision bildet in diesem Zusammenhang einen stabilen Kern, der allen Mitarbeitern Halt und Orientierung gibt.

Abbildung 5.1   Bestandteile einer Unternehmensvision

Zur Unternehmensvision gehören die Grundwerte des Unternehmens sowie der Unternehmenszweck. Mit diesen Elementen wird der Kern des Unternehmens bewahrt.

Ebenfalls zählen die Zukunftsvision sowie langfristige und hoch gesteckte Ziele zur Unternehmensvision. Sie fördern die Weiterentwicklung. Jeder Mitarbeiter sollte die Unternehmensvision inklusive aller vier Komponenten kennen.

Grundwerte sind dauerhafte Werte, die das Unternehmen ganz individuell repräsentieren und es definieren. Sie beschreiben die Existenzberechtigung des Unternehmens. Diese Grundwerte sollten eigenständig und unabhängig von der aktuellen Marktlage, der Wettbewerbssituation oder Managementmethoden definiert werden. Unternehmen haben normalerweise drei bis fünf Grundwerte. Insofern müssen diese reiflich überlegt und durchdacht werden. Sie können allerdings höchst unterschiedlich ausfallen. Denkbar wäre eine starke Kundenorientierung, eine hohe Produktqualität oder ökologisches Wirtschaften.

Die Grundwerte (es gibt sie oft schon unausgesprochen seit vielen Jahren) sollten von Mitarbeitern definiert beziehungsweise identifiziert werden, die das Unternehmen sehr gut kennen, die es von Grund auf verstehen, die eine hohe Glaubwürdigkeit innerhalb des Unternehmens haben und Anerkennung genießen.

Doch wie findet man diese Experten? Collins und Porras beschreiben bildlich, dass man sich vorstellen solle, dass das eigene Unternehmen auf dem Mars wieder aufgebaut werden soll. Im Raumschiff dorthin gibt es allerdings nur eine begrenzte Anzahl an Plätzen. Es gilt also, die Mitarbeiter und Manager zu finden, die das Unternehmen, seine unverwechselbaren Vorzüge und seinen typischen Charakter am besten kennen. Collins und Porras nennen dies die „Mars-Gruppe". Diese Menschen eignen sich also zur Definition der Grundwerte. Speziell drei Fragen sollten in der Gruppe beantwortet werden:

1. Können Sie sich vorstellen, dass dieser Wert Ihnen auch noch in hundert Jahren so viel wert sein wird wie heute?

2. Würden Sie diese Grundwerte auch dann noch bewahren wollen, wenn einer oder mehrere davon zu einem Wettbewerbsnachteil werden sollten?

3. Sollten Sie morgen ein anderes Unternehmen gründen müssen, welche Werte würden Sie mitnehmen, unabhängig davon, in welcher Branche das neue Unternehmen beheimatet ist?

Aufbauend auf den Grundwerten gilt es, den Unternehmenszweck zu definieren, der so kommuniziert werden sollte, dass jeder Manager, jeder Mitarbeiter diesen kennt. Der Unternehmenszweck liefert einen entscheidenden Beitrag für Führung, Inspiration und Sinnvermittlung. Er beantwortet die Frage, warum es dieses Unternehmen gibt.

Ein solcher Unternehmenszweck sollte langfristig sein und mehrere Jahrzehnte bestehen. Somit unterscheidet er sich auch von Unternehmenszielen und -strategien, die sich in regelmäßigen Abständen ändern.

Positiv emotionalisierte Mitarbeiter zeigen ein höheres Maß an Engagement. Insofern empfiehlt sich die Formulierung einer Aussage, die über das Erreichen betriebswirtschaftlicher Ziele hinaus geht. Folgende Beispiele verdeutlichen dies:

- 3M: To solve unsolved problems innovatively,

- McKinsey: To help leading corporations and governments be more successful,

- Nike: To experience the emotion of competition, winning, and crushing competitors,

- Walt Disney: To make people happy.

In der Praxis beobachten wir immer wieder, dass viele Manager heutzutage vorrangig in Bezug auf Kennzahlen geschult werden, da diese ein wichtiges Steuerungsinstrument in Unternehmungen darstellen. Hierdurch kommt es häufig zu dem Trugschluss, dass Mitarbeiter ebenfalls in einem starken Maße über das Erreichen von Kennzahlen zu motivieren und zu steuern sind. Dies ist schlichtweg falsch und widerspricht sämtlichen psychologischen Erkenntnissen.

Der Haupthinderungsgrund für die Realisierung einer sinngebenden Unternehmensvision ist oft Angst vor neuen Dingen, Methoden und Herangehensweisen auf der Managementebene. Ziel des Unternehmenszwecks ist es, die Mitarbeiter positiv zu emotionalisieren. Manager sind allerdings nur selten psychologisch geschult. Emotionen sind für sie ein nicht greifbares Phänomen. Deshalb weigern sich viele Manager, einen Unternehmenszweck zu definieren und zu kommunizieren.

Manager versuchen auch immer noch, mit Angst zu führen. Sie glauben irrtümlicherweise, dass Mitarbeiter Angst um beispielsweise ihren Arbeitsplatz haben müssen, um Leistung zu bringen. Dadurch können aber, wenn überhaupt, allenfalls kurzfristige Leistungssteigerungen bei den Mitarbeitern erreicht werden. Mittel- und langfristig führt ein solches Führungsverhalten jedoch in der Regel zu Demotivationseffekten und innerer Kündigung. Die Lösung liegt folglich in einem offenen Umgang mit Konflikten, einer Sinngebung und Einbeziehung der Mitarbeiter. Der Unternehmenszweck ist hierzu ein zentraler Baustein, ebenfalls die Beteiligung, die wir in Kapitel VI diskutieren.

Der Unternehmenszweck kann durch die Beantwortung von fünf Warum-Fragen ermittelt werden. Folgendes Beispiel macht den Prozess deutlich:

Ein Unternehmen hat für sich den Zweck definiert, stets der günstigste Anbieter zu sein.

■ Warum? Um ein klares Image beim Konsumenten zu erreichen.

■ Warum? Um dem Kunden zu nutzen.

■ Warum? Weil der Kunde nur dann, wenn er seine Erwartungen erfüllt sieht, einen Nutzen wahrnimmt.

■ Warum? Weil die Welt so komplex ist und die vielen Alternativen, Angebote und Informationen verwirrend sind.

■ Warum? Weil es ein Überangebot an vergleichbaren Produkten gibt und man sich über den Preis besonders beim Kunden profilieren will.

Darüber hinaus beschreiben Collins und Porras noch eine zweite Methode, den Unternehmenszweck zu definieren. Hierbei versucht man sich vorzustellen was wäre, wenn man sein Unternehmen zu einem fairen Preis verkaufen könnte und der Käufer eine Beschäftigungsgarantie für alle Mitarbeiter gäbe. Allerdings würde er das Unternehmen selbst schließen.

■ Würde man dieses Angebot annehmen?

■ Warum oder warum nicht?

■ Was würde fehlen, wenn es diese Firma auf einmal nicht mehr gäbe?

■ Warum ist es wichtig, dass dieses Unternehmen existiert, jetzt und auch in der Zukunft?

Die Autoren führen aus, dass gerade auf die Finanzen fixierte Führungskräfte in dieser Übung auf die Maximierung des Shareholder Value abzielen. Dies ist allerdings ein beliebiger Unternehmenszweck, der somit austauschbar ist. Eine solche Unternehmung hat kaum eine Existenzberechtigung.

Als dritte Methode nennen Collins und Porras schließlich die Befragung der Mars-Gruppe. Jedes Mitglied sollte mit der folgenden Frage konfrontiert werden:

■ Würden Sie auch dann noch zur Arbeit gehen, wenn Sie morgen aufwachen würden und genügend Geld auf dem Konto hätten, um in Rente zu gehen?

Nur wer diese Frage mit ja beantwortet, sieht einen tieferen Sinn in seinem Tun und dem der Firma. Diesen Sinn gilt es dann durch weiteres Nachfragen zu ergründen.

Anschließend ist das riskante, hochgesteckte Ziel zu entwickeln. Hierbei handelt es sich um eine langfristige Strategie. Diese muss in regelmäßigen Abständen von beispielsweise zehn Jahren den Wettbewerbsumfeldern angepasst werden. Ein solches Ziel bezeichnen Collins und Porras als BHAG („bee-hag" ausgesprochen). Dies steht für Big, Hairy, Audacious Goal und bedeutet so viel wie riskantes, hoch gestecktes Ziel. Es soll konkret, motivierend und herausfordernd sein. Ein solches BHAG kann allerdings von unterschiedlicher Art sein und ist eine anspruchsvolle, langfristige Zielsetzung, die gemessen werden kann:

1. Ein BHAG, das sein Ziel in quantitativer oder qualitativer Weise beschreibt.

    Beispiel: In zehn Jahren wollen wir einen Umsatz von einer Milliarde schaffen.

2. Ein BHAG, das in einer David-gegen-Goliath-Manier den ärgsten Wettbewerber bekämpft.

    Beispiel: Wir wollen unsere Konkurrenten übertreffen. Wir wollen Nummer 1 werden.

3. Ein BHAG, das sein Ziel aufgrund eines Vorbilds definiert.

    Beispiel: Wir wollen die «Sorbonne», die Elite-Universität Deutschlands, werden.

4. Ein BHAG, das einen internen Veränderungsprozess beschreibt.

    Beispiel: Wir wollen von einem technik- zu einem innovationsgetriebenen Unternehmen werden.

Abschließend geht es darum, die Zukunftsvision zu definieren. Sie soll die Zukunft so lebendig wie möglich beschreiben und weit in die Zukunft reichen. Dieser Leitstern muss nicht in Kennzahlen messbar sein.

In der praktischen Umsetzung der Grundwerte, des Unternehmenszwecks, des riskanten, hochgesteckten Ziels und der Zukunftsvision, also der Unternehmensvision, gilt es einige Punkte zu beachten:

1. Die Unternehmensvision sollte sehr lebendig formuliert sein. Sie muss insbesondere auch die emotionale Seite der Mitarbeiter und Manager ansprechen. Dies kann auch mittels einer bildlichen Sprache geschehen. Jeder im Unternehmen soll die Unternehmensvision mit allen vier Elementen kennen, verstehen und in ihrem Sinne handeln.

2. Grundwerte sind dauerhafte und stabile Werte. Der Unternehmenszweck beschreibt den Grund, warum das Unternehmen existiert. Riskante, hochgesteckte Ziele sind messbare, anspruchsvolle, langfristige Zielsetzungen. Die Zukunftsvision ist eine anschauliche Beschreibung der Zukunft.

3. Die Zukunftsvision und die riskanten, hochgesteckten Ziele sind klar formulierte Ziele. Während die Grundwerte und der Unternehmenszweck niemals erreicht werden können, sollten die Zukunftsvision und die riskanten, hochgesteckten Ziele binnen 10 bis 30 Jahren erreichbar sein.

4. Sind die Zukunftsvision oder die riskanten, hochgesteckten Ziele in Reichweite, so ist es notwendig, dass neue erarbeitet werden. Meist nimmt die Mitarbeitermotivation ab, je näher die Zielerreichung rückt.

Ein Beispiel - Visionserarbeitung bei EMV-PROFI

EMV-PROFI ist ein Einkaufs- und Marketingverbund für Baumärkte. Diesem Verbund gehören über 300 selbstständige Baumärkte in ganz Deutschland an. Der Verkaufsumsatz betrug im Jahr 2009 circa € 700 Mio. Das besondere an EMV-PROFI ist, dass die Verbundteilnehmer auch Gesellschafter sind, ihnen die Gewinne also zufließen.

Grundlage des gemeinsamen Handelns ist Vertrauen. Konkret bedeutet das: Absolute Kosten-, Konditions- und Preistransparenz sowie klar geregelte Mitspracherechte. Das oberste Entscheidungsgremium bildet die Gesellschafterversammlung. Der Aufsichtsrat kontrolliert und unterstützt die EMV-PROFI Geschäftsführung, deren Mitglieder auch schon Grid-Seminare besucht haben. Sortiment- und Werbebeirat werden ebenfalls von der Gesellschafterversammlung gewählt. Der Sortimentsbeirat fällt die Entscheidungen über die Lieferantenauswahl für definierte Kernsortimente. Der Werbebeirat ist mit verantwortlich für die Entwicklung und Umsetzung von Werbestrategien und Werbemaßnahmen.

Die EMV-PROFI Systemzentrale bietet marktgerechte Marketing- und Sortimentskonzepte. Die Kernleistungen beinhalten ein Werbekonzept mit mehr als 50 Werbeanstößen per anno zur individuellen Planung, individuelle Konzepte zur Steigerung der Kundenfrequenz, die Unterstützung in der regionalen PR-Arbeit, eine standortbezogene Sortimentsentwicklung ohne Umsetzungspflicht starrer Sortimentsmodule, die Vertriebsunterstützung durch Regionalmanager sowie ein geschlossenes Warenwirtschaftssystem.

Im Jahr 2009 entschlossen sich die Geschäftsführung der Zentrale und der Aufsichtsrat von EMV-PROFI dazu, die Darstellung nach innen und außen zu professionalisieren. Dazu verwendeten wir den soeben beschriebenen Prozess zur Visionserarbeitung.

In einem ersten Schritt wurden die Grundwerte erarbeitet. Zur Erinnerung: Dies sind dauerhafte Werte, die das Unternehmen ganz individuell repräsentieren und es definieren. Diese Grundwerte sollten eigenständig und unabhängig von der aktuellen Marktlage, der Wettbewerbssituation oder Managementmethoden definiert werden.

Die Grundwerte werden von solchen Menschen definiert, die das Unternehmen am besten kennen, die es von Grund auf verstehen, die eine hohe Glaubwürdigkeit innerhalb des Unternehmens haben und nachweislich über große Kompetenz verfügen.

Eine „Mars-Gruppe" wurde definiert. Ihr gehörten der Aufsichtsrat und die Geschäftsführung an. Speziell drei Fragen wurden in der Gruppe beantwortet:

1. Können Sie sich vorstellen, dass dieser Wert Ihnen auch noch in hundert Jahren so viel wert sein wird wie heute?

2. Würden Sie diese Grundwerte auch dann noch bewahren wollen, wenn einer oder mehrere davon zu einem Wettbewerbsnachteil werden sollte?

3. Sollten Sie morgen ein anderes Unternehmen gründen müssen, welche Werte würden Sie mitnehmen, unabhängig davon, in welcher Branche das neue Unternehmen beheimatet ist?

Es stellte sich heraus, dass EMV-PROFI auf vier Säulen steht:

> Grundwerte EMV-PROFI:
> Expansion, Produktivität, Erträge, Kooperation

Der Zentrale und den Gesellschaftern ist es wichtig, dass der Verbund weiter wächst und dass die Produktivität auf hohem Niveau bleibt, ja sogar noch zunimmt. Hohe Erträge pro Verkaufsfläche bilden die Grundlage der Existenzberechtigung im Handel. Durch eine starke Kooperation entstehen Synergien, da Einkäufe gebündelt werden können, wodurch Preisvorteile entstehen. Der Kooperationsgedanke schlägt sich in der Praxis auch anhand von verschiedenen Maßnahmen nieder: Neben dem schon erwähnten Bündelungs- und Sammelkauf entstehen Vorteile in der Sortimentsgestaltung. Eine regionale Wettbewerbspreiserfassung ermöglicht eine standortbezogene Verkaufspreisgestaltung. Schulungskonzepte werden allen Verbundteilnehmern zu sehr günstigen Preisen angeboten. Ein Data-Warehouse ermöglicht die genaue Kontrolle aller Warenflüsse. Hieraus können praxisnahe Managementhandlungsempfehlungen erarbeitet werden. Abschließend werden Ideen, die in den einzelnen Märkten entstehen, allen Verbundteilnehmern zur Verfügung gestellt.

Aufbauend auf den vier Grundwerten wurde der Unternehmenszweck definiert und allen Mitarbeitern kommuniziert. Dieser beantwortet die Frage, warum das Unternehmen existiert. Der Unternehmenszweck liefert damit einen entscheidenden Beitrag für Führung, Inspiration und Sinnvermittlung. Der Unternehmenszweck sollte mehrere Jahrzehnte bestehen.

Positiv emotionalisierte Mitarbeiter zeigen ein höheres Maß an Engagement. Insofern empfiehlt sich die Formulierung einer Aussage, die über das Erreichen betriebswirtschaftlicher Ziele hinaus geht.

Als Methode wurde die Befragung der Mars-Gruppe gewählt. Durch eine intensive Befragung wurde der Unternehmenszweck ergründet:

> Unternehmenszweck EMV-PROFI:
> Wir schaffen durch gemeinsames Handeln die Basis für Individualität und Erfolg.

Dies ist der Kerngedanke des Einkaufs- und Marketingverbundes. Durch gemeinsames Handeln entstehen die gerade beschriebenen Vorteile, wie beispielsweise gemeinsame Synergieeffekte. Dadurch wird individueller Erfolg ermöglicht. Da jeder Markt eigenständig ist, können Anregungen aus der Zentrale individualisiert werden.

Nun galt es das riskante, hochgesteckte Ziel des Unternehmens zu entwickeln. Hierbei handelt es sich um eine langfristige Strategie, also messbare, anspruchsvolle, langfristige Zielsetzungen. Diese Ziele müssen in regelmäßigen Abständen von beispielsweise zehn Jahren den Wettbewerbsumfeldern angepasst werden. Solche riskanten, hochgesteckten Ziele bezeichnen Collins und Porras als BHAG. Sie sollen konkret, motivierend und herausfordernd sein. Solche riskanten und hochgesteckten Ziele können allerdings von unterschiedlicher Art sein. In diesem Fall handelt es sich um quantitative und qualitative Ziele:

> Riskantes, hochgestecktes Ziel EMV-PROFI:
> Wir steigern jedes Jahr den Ertrag und die Kundenzufriedenheit.

In der derzeitigen Entwicklungsphase von EMV-PROFI stehen die Ertragssteigerung und die Steigerung der Kundenzufriedenheit im Vordergrund.

Dieses riskante und hochgesteckte Ziel sowie die Grundwerte und der Unternehmenszweck gingen ein in die Zukunftsvision, die nicht messbar sein muss:

> Zukunftsvision EMV-PROFI:
> Wir machen Unternehmen erfolgreich und Kunden glücklich.

Auf dieser Grundlage wurde bei EMV-PROFI im Anschluss ein Imagefilm produziert. Dieser kommuniziert die Unternehmensvision nach innen und nach außen. Jeder Mitarbeiter, jeder Gesellschafter und Partner soll diese kennen und sich mit ihr identifizieren. Überblicksartig kann die Vision wie folgt dargestellt werden:

Abbildung 5.2   Unternehmensvision EMV-PROFI

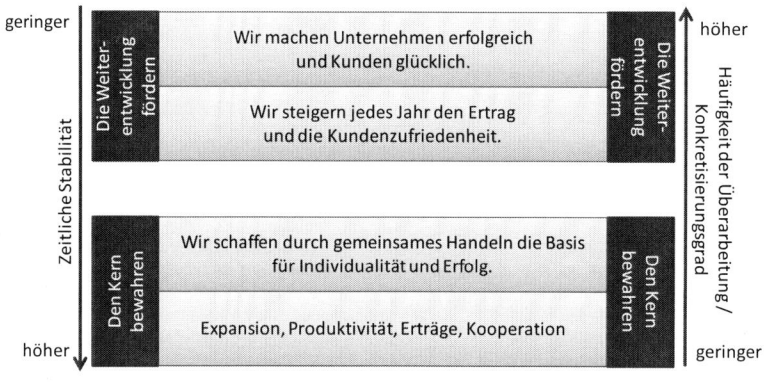

Take-Away-Message

> Jeder Mensch ist bestrebt, Sinn im Leben zu finden.
>
> Sinnerfahrungen entspringen verschiedensten Quellen.
>
> In Unternehmen entsteht Sinn durch eine Vision.
>
> Unternehmen mit einer Vision sind erfolgreicher als andere.
>
> Zur Unternehmensvision gehören die Grundwerte des Unternehmens sowie der Unternehmenszweck. Mit diesen Elementen wird der Kern des Unternehmens bewahrt.

Ebenfalls zählen zur Unternehmensvision die Zukunftsvision, sowie langfristige und hoch gesteckte Ziele. Hiermit wird die Weiterentwicklung gefördert.

Grundwerte sind tragende, dauerhafte Grundsätze, die das Unternehmen ganz individuell repräsentieren und es definieren. Es handelt sich um eine kleine Anzahl allgemeiner Leitlinien, die nicht aufs Spiel gesetzt werden – auch nicht aufgrund von Gewinnstreben oder kurzfristiger Opportunität. Diese Grundwerte sollten eigenständig und unabhängig von der aktuellen Marktlage, der Wettbewerbssituation oder Managementmethoden definiert werden. Unternehmen haben normalerweise drei bis fünf Grundwerte.

Der Unternehmenszweck ist der tragende Existenzgrund des Unternehmens und liefert einen entscheidenden Beitrag für Führung, Inspiration und Sinnvermittlung. Er beantwortet die Frage, warum es dieses Unternehmen gibt, wofür es steht.

Riskante, hochgesteckte Ziele sind eine langfristige Strategie, also messbare, anspruchsvolle, langfristige Zielsetzungen. Diese Ziele müssen in regelmäßigen Abständen von beispielsweise zehn Jahren den Wettbewerbsumfeldern angepasst werden. Solche riskanten, hochgesteckten Ziele bezeichnen Collins und Porras als BHAG. Sie sollen konkret, motivierend und herausfordernd sein.

Die Zukunftsvision soll die Zukunft so lebendig wie möglich beschreiben und weit in die Zukunft reichen. Dieser Leitstern muss nicht in Kennzahlen messbar sein.

Jeder Mitarbeiter sollte die Unternehmensvision, also die Grundwerte, den Unternehmenszweck, die riskanten, hochgesteckten Ziele und die Zukunftsvision kennen.

6   Mitarbeiterbeteiligung mit Grid

In den ersten fünf Kapiteln ging es darum, wie Höchstleistungen in Unternehmen entstehen. Menschen, die glücklich sind, bringen sich gerne ein und engagieren sich freiwillig. Anders herum sind Menschen, die sich einbringen, glücklicher. Eine Aufwärtsspirale entsteht.

Höchstleistungen entstehen auch, wenn Menschen sich mit ihrer Arbeit und ihrem Unternehmen identifizieren, sie ihre Arbeit also als sinnvoll empfinden. Ein weiterer Schritt auf diesem Weg ist die immaterielle Beteiligung. Darunter versteht man einen entsprechenden Führungsstil, den wir Ihnen in diesem Kapitel vorstellen, eine Kommunikation, die die Mitarbeiter mit einbezieht und mit Mitarbeiterbefragungen arbeitet. Am Ende dieses Kapitels präsentieren wir Ihnen ausführlich das Beispiel der Globus SB-Warenhaus Holding, die diese Prinzipien lebt.

Warum ist es wichtig, Mitarbeiter im Unternehmen zu beteiligen (vgl. hier und im Folgenden Creusen/Eschemann (2008))? Zunächst muss man grundsätzlich zwischen einer materiellen und einer immateriellen Beteiligung unterscheiden. Erstere wird auch oft als finanzielle Beteiligung bezeichnet. Der Gedankengang dahinter ist: Wer am materiellen Erfolg seiner Firma beteiligt ist, wird auch bereit sein, sich über ein normales Maß hinaus zu engagieren, denn sein Einsatz lohnt sich für ihn. Ein solcher Mensch handelt wie ein Unternehmer im Unternehmen. Sowohl bei OBI als auch bei Media-Saturn werden solche finanziellen Beteiligungssysteme gelebt. OBI ist ein Franchise-Unternehmen, deshalb agieren innerhalb der Gruppe Eigentümer. Franchising bedeutet, dass sich ein Unternehmer einer Kooperation anschließt, um gemeinsam entwickeltes Geschäfts-Know-how und zentrale Ressourcen wie Einkaufssysteme und Marketingmaßnahmen zu nutzen. Einige Franchisenehmer haben allerdings nicht genügend Kapital. Sie werden entsprechend zu 20 Prozent oder 30 Prozent beteiligt.

Auch Media-Saturn ist dezentral aufgestellt. Die Marktgeschäftsführer sind im Handelsregister eingetragene Geschäftsführer und mit zehn Prozent an ihren Märkten beteiligt. Als Gesellschafter ihres Markts erhalten sie zusätzlich zu ihrem Grundeinkommen Anteile am Gewinn ihrer Gesellschaft. Auch ihre Mitarbeiter können sie mit einem individuellen Prämien- und Tantiemensystem entlohnen. So macht sich Leistung, Einsatz und Engagement bezahlt.

Eine finanzielle Beteiligung allein reicht jedoch nicht aus, um auch langfristig unternehmerisch erfolgreich zu sein. Hinzu muss noch die immaterielle Beteiligung kommen. Die Mitarbeiter müssen auch immateriell am Handeln und am Erfolg des Unternehmens beteiligt werden. Dies kann auf allen Ebenen geschehen.

Immaterielle Beteiligung im Unternehmen bedeutet, Mitarbeiter in Entscheidungen einzubeziehen. Betroffene sollen zu Beteiligten gemacht werden. Über wichtige Entscheidungen des Unternehmens wird argumentiert, über das Für und Wider diskutiert. Auf diese Weise kann echte Partnerschaft zwischen Management und Mitarbeitern entstehen. Der Mitarbeiter wird sich als Teil des Ganzen fühlen. Er darf mitgestalten, er kann seine Kreativität einbringen, er wird Initiative und Engagement zeigen und für seine Sache kämpfen. Beteiligung meint, mit den Mitarbeitern zu diskutieren und sie zu überzeugen, statt nur von oben anzuordnen. Mittels der Entscheidungsmatrix von Grid können Sie echte Beteiligung herstellen. Sie beantwortet die Frage, unter welchen Voraussetzungen Sie alleine und wann Sie mit anderen entscheiden sollten.

Tabelle 6.1   Grid-Entscheidungsmatrix

Frage	Antwort	Strategie
1. Wessen Problem ist es?	Nur einer Person	Einer Allein
	Zwei oder mehr Personen	Einer mit Einem oder Einer mit Einigen
	Des gesamten Teams	Einer mit Allen
2. Habe ich die Zeit, andere einzubeziehen?	Keine Zeit	Einer Allein

Frage	Antwort	Strategie
	Wenig Zeit	Einer mit Einem oder Einer mit Einigen
	Genügend Zeit, alle Ressourcen zu nutzen	Einer mit Allen
3. Hat jemand die Kompetenz, die Entscheidung allein zu treffen?	Eine Person hat alle nötigen Kompetenzen	Einer Allein
	Niemand hat alle benötigten Fähigkeiten	Einer mit Einem oder Einer mit Einigen
	Die Fähigkeiten aller werden benötigt	Einer mit Allen
4. Brauche ich das Commitment des Teams?	Nein	Einer Allein
	Ja, zu einem gewissen Grad	Einer mit Einem oder Einer mit Einigen
	Ja, in hohem Maße	Einer mit Allen
5. Welche Wirkung hat es auf den Rest des Teams?	Wirkung ist niedrig	Einer Allein
	Wirkung ist mäßig	Einer mit Einem oder Einer mit Einigen
	Wirkung ist hoch	Einer mit Allen
6. Ist Synergie möglich?	Nein	Einer Allein
	Möglich	Einer mit Einem oder Einer mit Einigen
	Wahrscheinlich	Einer mit Allen

Frage	Antwort	Strategie
7. Gibt es Entwicklungs-potential für andere?	Nein	Einer Allein
	Möglich für einige	Einer mit Einem oder Einer mit Einigen
	Ja, für alle Teammit-glieder	Einer mit Allen

Zuerst sollten Sie sich fragen: Wessen Problem ist es? Wenn Sie sich ein Problem ansehen und sagen: „Das ist mein Problem, und ich kann es selbst lösen", dann ist die „Einer alleine"-Handlung basierend auf Eigeninitiative in Ordnung. Wenn Sie jedoch nicht die volle Kapazität zur Problemlösung haben und wenn es sich mit der Verantwortung einer anderen Person überlappt, dann handelt es sich um eine „Einer mit Einem"-Situation. Wenn das Problem eine Sache des ganzen Teams ist, bei der jeder etwas beitragen kann, dann ist die beste Strategie „Einer mit Allen". In diesem Zusammenhang müssen Sie sich auch fragen: „Kann ich delegieren?". Dies dient einem doppelten Zweck: Sie gewinnen Zeit für wichtige Aufgaben und haben eine Entwicklungschance für die anderen Teammitglieder. Manchmal übertragen Führungskräfte ungern eine Aktivität, die eine Lernerfahrung für andere bietet. Bei der Alternative wie im Fall eines 1,1 orientierten Vorgesetzten, der eine geringe Sach- und Menschenorientierung aufweist, wird die Verantwortlichkeit nach unten abgeschoben, um sie loszuwerden. Ob man delegiert oder nicht, hängt von den anderen Variablen des Engagements ab. Wenn z.B. die Situation das Potential für eine Gesamt-Teamsynergie bietet, kann es am besten sein, die Strategie des „Einer mit Einigen" oder „Einer mit Allen" einzusetzen, anstatt allein zu entscheiden.

Der Teamleiter und andere Teammitglieder können Delegation in den folgenden vier Fällen erwägen: Erstens, wenn einer oder einige Teammitglieder ein Problem wirksam ohne zusätzliche Einbeziehung anderer lösen können. Diese Form der Delegation liefert anderen die Möglichkeit, ihre Kräfte auf anderen Gebieten einzusetzen. Zweitens, wenn die Delegation

Lernen und Entwicklung bei anderen Mitgliedern fördert. Drittens, wenn Delegation, und nicht „Loswerden wollen", die Motivation des Leiters oder der Mitglieder ist. Und viertens, wenn der Leiter oder die Mitglieder Vertrauen haben, dass eine Person die delegierte Aufgabe erfolgreich lösen kann.

An zweiter Stelle sollten Sie sich fragen, ob Sie die Zeit haben, andere einzubeziehen. In einer Notsituation brauchen Sie vielleicht eine „Einer allein"-Handlung, weil nicht genügend Zeit da ist, sich mit den anderen zu beraten. Entscheidungen dieser Art (in Bruchteilen von Sekunden) jedoch sind die Ausnahme. Normalerweise hat man genügend Zeit zur Verfügung, um vorhandene Hilfsquellen zu Rate zu ziehen, um das tatsächliche Problem zu erkennen und über die vernünftigste Lösung zu entscheiden. Wenn Sie keine Zeit haben, andere Hilfsquellen heranzuziehen und dies auch keine besonderen Vorteile bringt, sind „Einer allein" oder „Einer mit Einigen"-Entscheidungen angebracht. Wenn genügend Zeit ist, das gesamte Team zusammen zu holen, führt die Einbeziehung aller wahrscheinlich zu einer besseren Entscheidung und dann ist „Einer mit Allen" die beste Methode. In einem 9,9 Leadership Team (dies ist ein Team, welches entsprechend einer hohen Sach- und Menschenorientierung agiert) führt offene und ehrliche Kommunikation selbst in „Einer allein"-Entscheidungen in Notsituationen zu besseren Ergebnissen. Wegen des höheren Grads von gegenseitigem Vertrauen und Respekt sind die Mitglieder eher bereit, alleinige Entscheidungen anderer umzusetzen. Fortlaufende Kritik führt zu sofortigem Lernen.

Drittens gilt es abzuwägen, ob Sie die Kompetenz haben, die Entscheidung zu treffen. Wenn Sie die Erfahrung haben, ein Problem allein beurteilen zu können und keinen Vorteil sehen, andere hinzuzuziehen, ist die beste Methode „Einer allein". Wenn Ihre Erfahrung begrenzt ist und eine bessere Entscheidung mit der Einbeziehung eines Anderen erreicht werden kann, wird die Entscheidung „Einer mit Einem" sein. Wenn eine gute Entscheidung von den Ressourcen aller Teammitglieder abhängt, sollte das Problem auf dem Weg „Einer mit Allen" gelöst werden. Bei der Beantwortung dieser Frage muss auch überlegt werden, ob man Informationen von höheren Ebenen, von unteren Ebenen oder von anderen Abteilungen in der Organisation braucht. Dies kann dazu führen, dass man Personen außerhalb des Teams in den Entscheidungsprozess einbeziehen muss.

Benötigen Sie viertens die Einbeziehung und das Engagement anderer? Ein Problem und den damit zusammenhängenden Entscheidungsprozess wirklich zu verstehen, kann für eine erfolgreiche Umsetzung wesentlich sein. Nur wenn Menschen die Grundlage einer Entscheidung verstehen, werden Ressourcen voll eingesetzt. Wenn Sie alleine für die Umsetzung einer Problemlösung verantwortlich sind, brauchen Sie das Engagement anderer nicht. Wenn Sie jedoch einen Kollegen oder Mitarbeiter bitten, Sie bei dieser Aktion zu unterstützen, ist seine Einbeziehung in den Prozess notwendig. Wenn Teamwork notwendig ist, um ein Problem zu lösen, ist das Konzept „Einer mit Allen" wichtig für ein volles Verständnis der Aufgabe. Als allgemeine Regel müssen alle, die von zukünftigen Handlungen betroffen sind, in der Lage sein, das Problem zu durchdenken und seine Auswirkungen zu diskutieren, um Verständnis und Engagement zu entwickeln. Je mehr Teammitglieder persönliche Interessen an einer Aktion haben, umso größer ist die Notwendigkeit für Einbeziehung.

Wie werden fünftens die anderen Teammitglieder beeinflusst? Wenn die Aktion für Sie allein Folgen hat und Sie die Lösung ohne die Hilfe anderer erreichen können, sollten Sie alleine entscheiden. Andererseits, wenn die Entscheidung für andere Teammitglieder wichtig ist oder in der Umsetzung ein anderes Teammitglied gebraucht wird, sollten Sie das Problem in einer „Einer mit Einem"-Strategie lösen. Manchmal hat eine Handlung weitreichende Folgen, so wie der Aufbau einer Matrixstruktur oder die Änderungen von Vorgesetzten-Mitarbeiter-Beziehungen innerhalb einer Organisation. In solchen Fällen sollte das gesamte Team einbezogen werden, um die Probleme zu verstehen. Ein weiterer zu berücksichtigender Faktor ist der Wechsel in der Arbeitsweise des Teams, d.h. die Änderung von Teamnormen und Standards. Dies erfordert „Einer mit Allen"-Einbeziehung. Alternativ kann eine solche Aktion auch Kritikpotenzial für die Teammitglieder haben. Als Regel gilt, dass je mehr eine Aktion die Zielsetzung, die Führung, den Charakter oder die Prozesse des Teams beeinflusst, umso wünschenswerter die Beteiligung und Einbeziehung aller Teammitglieder ist.

Sechstens ist zu fragen: Ist Synergie möglich? Synergie heißt, dass alle in ihrer Zusammenarbeit ein besseres Ergebnis erreichen als einer, zwei oder mehrere Mitglieder alleine erreichen können. Viele Arbeitsaktivitäten jedoch sind Routinesachen. Zu einem Zeitpunkt hat sich das Team geeinigt und vertraut Teammitgliedern, für bestimmte Arbeitsbereiche Verantwortung zu übernehmen. Ein Teammitglied kann für die Auftragsannahme, ein anderes für den Versand und ein drittes für die Rechnungserstellung verantwortlich sein. In solchen Fällen ist die Diskussion der Auftragsabwicklung mit Teammitgliedern nicht erforderlich. Sie kann sogar die Leistung mindern. Neue Ideen über bessere Methoden der Auftragsannahme, der Behandlung von Versandaufträgen oder der Rechnungsstellung sind jedoch Beispiele, wo Synergie möglich wird. Wenn Ideen für die Verbesserung von laufenden Routinen eingeführt werden, stärken vielseitige Perspektiven die Möglichkeiten und Einbeziehung des Teams.

Siebtens gilt es zu beachten, ob es Entwicklungspotenzial für andere gibt. Am Anfang ist es nützlich, Teammitglieder einzubeziehen, selbst wenn sie nicht viel Erfahrung haben und ihre Beiträge dadurch begrenzt sind. Ihre Einbeziehung hilft aber, Erfahrungen zu sammeln und Urteilskraft zu fördern, damit sie solche Probleme in der Zukunft bewältigen können. Wenn die Situation kein Entwicklungspotenzial hat, sollte alleine entschieden werden. Wenn jedoch Entwicklungspotenzial nur für eine andere Person vorhanden ist, sollte es mit dem Konzept „Einer mit Einem" behandelt werden. Wenn es Entwicklungschancen für alle Teammitglieder gibt, sollte man die Methode „Einer mit Allen" anwenden.

Diese sieben Kriterien können Ihnen helfen zu bestimmen, wann Sie Teammitglieder bei Entscheidungen einbeziehen. Wir leben in einem Zeitalter der Einbeziehung. Es ist für Führungskräfte lebenswichtig, die Denkweisen derjenigen kennenzulernen, die die eigentliche Arbeit leisten. Das muss nicht immer „Einer mit Allen"-Übereinstimmung heißen. Der Vorgesetzte hat immer noch Verantwortung für Entscheidungen. Um jedoch gute Entscheidungen zu treffen, ist es wichtig, alle Hilfsquellen auszuschöpfen. Auch unter Zeit- und Leistungsdruck und bei unterschiedlichen Erfahrungen können Teammitglieder Entscheidungen unterstützen und mittragen, sogar dann, wenn sie ursprünglich dagegen waren. Nachdem Vorschläge und Gegenvorschläge gemacht und Vorbehalte ausgedrückt wurden, muss das Team eine Entscheidung unter vollem Engagement aller Gruppenmitglieder erreichen, obwohl manche Gruppenmitglieder am Anfang anderer Meinung waren. Alle Bestandteile dieses Prozesses sind hilfreich, nützlich und wesentlich für Führung und gutes Teamwork.

Die Beteiligung ist der Kern von Positive Leadership. Deshalb steht sie in der Mitte des Dreiecks (vgl. hier und im Folgenden Creusen/Eschemann (2008)). Menschen sind der wichtigste Faktor für Produktivitätssteigerungen. Mitarbeiter sollten darüber hinaus wie Partner mit Respekt und Achtung behandelt werden.

In den heutigen Wettbewerbsumfeldern sind es vor allem die weichen Faktoren, die den Erfolg des Unternehmens ermöglichen. Harte Faktoren wie Technologie, Kapitalausstattung, Marktposition usw. sind meist als sekundär anzusehen.

Die Mitarbeiter müssen zu Partnern werden, um gerade auch langfristigen Erfolg zu ermöglichen. Hans Michael Lezius und Heinrich Beyer, zwei deutsche Vertreter der Beteiligungstheorie, haben einen Zehn-Punkte-Katalog zur partnerschaftlichen Unternehmensentwicklung zusammengestellt (vgl. Lezius/Beyer (1989)). Überprüfen Sie doch einmal, in wie weit diese Punkte in Ihrem Unternehmen realisiert sind:

1. Unternehmenskultur

    Die Unternehmenskultur muss allen Mitarbeitern kommuniziert werden und von allen mit- getragen werden, um wirksam zu sein. Eine nicht von allen Organisationsmitgliedern mitgetragene Unternehmenskultur wirkt sich negativ auf den Umgang untereinander und letztendlich auch das Ergebnis aus. Werden die Regeln, Normen und Wertevorstellungen in Ihrem Unternehmen von allen Managern und Mitarbeitern mitgetragen?

2. Kommunikation und Information

    Hier handelt es sich um wesentliche Bausteine zur Entwicklung einer immateriellen Mitarbeiterbeteiligung. Informieren bedeutet Hintergründe, die zu Entscheidungen führen, transparent zu machen, sowie Zusammenhänge aufzuzeigen, um den Mitarbeitern die Möglichkeit zu geben, an diesen Entscheidungsprozessen teilzuhaben. Eine derart gelebte Informations- und Kommunikationspolitik bedeutet Abgeben von Macht durch das Management und Teilhabe an der Macht seitens der Mitarbeiter. Wird in Ihrem Unternehmen informiert? Werden Zusammenhänge aufgezeigt?

3. Personal- und Organisationsentwicklung

Mitarbeiter müssen qualifiziert werden, um ihre aktuellen und künftigen Aufgaben optimal erfüllen zu können. Auch die Unternehmen selbst müssen in Bewegung bleiben und sich der Entwicklung der Menschen anpassen. Werden in Ihrem Unternehmen Mitarbeiter regelmäßig qualifiziert? Entwickelt sich die Organisation regelmäßig weiter?

4. Arbeitsgestaltung, Raumkonzept, Architektur

Arbeitsgestaltung, Raumkonzept und Architektur sollten an den Bedürfnissen der Mitarbeiter ausgerichtet werden, da sich dies positiv auf die Motivation und das Arbeitsengagement auswirkt. Ist das Arbeitsumfeld bewusst nach den Bedürfnissen der Menschen gestaltet?

5. Arbeitsorganisation

Allzu starre hierarchische Unternehmensstrukturen führen nicht selten zu Bürokratie. Abhilfe schaffen andere, sinnvollere Organisationsformen wie zum Beispiel Projektteams. Ist die Arbeit bei Ihnen in der Firma flexibel organisiert?

6. Arbeitszeit und Arbeitsflexibilisierung

Es müssen Arbeitsformen gefunden werden, die von den Betroffenen mitgestaltet und deshalb als fair akzeptiert werden. Ist dies bei Ihnen der Fall?

7. Mitbestimmung

Eigenverantwortung und Mitspracherechte sind Grundlage für die Zufriedenheit und das Engagement der Mitarbeiter. Gibt es in Ihrem Unternehmen Eigenverantwortung und Mitspracherechte?

8. Teilhabe an unternehmerischen Entscheidungen

Wie einleitend aufgezeigt, sollten Mitarbeiter an den unternehmerischen Entscheidungen beteiligt werden. Auch hier sind Motivation und Engagement durch Partizipation die Folge. Werden bei Ihnen im Sinne einer kooperativen Unternehmenskultur Entscheidungen von jenen getroffenen, die die entsprechende Sach- und Fachkompetenz haben?

9. Materielle Mitarbeiterbeteiligung

Die positiven Auswirkungen der finanziellen Beteiligung kommen jedoch nur zur Geltung, wenn auch die partnerschaftliche Zusammenarbeit stimmt. Werden bei Ihnen alle Mitarbeiter materiell beteiligt?

10. Gesellschaft und Umwelt

Da Unternehmen in Gesellschaften eingebettet sind, müssen sie auch ihrer Verantwortung gegenüber Umwelt und Gesellschaft gerecht werden. Anders ist Unternehmenskultur nicht denkbar. Nimmt Ihre Firma diese Verantwortung wahr?

Beteiligung im Berufsalltag - Die sechs Hüte des Denkens®

Wie kann Beteiligung im Berufsalltag praktisch umgesetzt werden? Eine Methode nennt sich „Die sechs Hüte des Denkens"®. Sie wurde von Edward de Bono entwickelt, einem britischen Mediziner, Psychologen und Schriftsteller. Ihr Ziel ist es, entgegengesetztes Denken zu minimieren und paralleles Denken zu fördern.

Wir stehen immer wieder vor komplexen beruflichen Problem- oder Fragestellungen, alleine oder im Team, die wir nur dann effektiv und kreativ lösen können, wenn wir in der Lage sind, das Problem auf verschiedene Arten anzugehen. Die sechs Hüte des Denkens® ist eine Methode, die es Ihnen ermöglicht, systematisch und geführt unterschiedliche Positionen zu einer Diskussion einzunehmen und so verschiedene Denkansätze durchzuspielen. Auf diese Weise erhalten Sie sehr viel mehr Problemlösungen, Wahrnehmungen und Ideen, als wenn Sie nur auf einem Standpunkt beharren oder von einer Seite her denken.

Sie wissen: Berufliche Probleme und Fragestellungen im Team können sehr komplex sein. Um diese Komplexität zu erfassen, müssen wir das Problem von möglichst vielen Seiten beleuchten, also systematisch verschiedene Perspektiven einnehmen. Oft fällt es uns schwer, eine Sichtweise oder eine einmal eingenommene Position loszulassen, da Gedanken eine Tendenz zur Verfestigung haben und das menschliche Gehirn nur schwer verschiedene Perspektiven gleichzeitig einnehmen kann. Dann halten wir zu sehr an dem Vertrauten fest und stehen damit uns selbst, dem Team und der Problemlösung im Weg.

Die Fähigkeit zu einem schnellen, flexiblen Umdenken und das Vermögen, verschiedene Standpunkte sehen zu können, sind deshalb in Diskussionen, Problemlösungs- oder auch Entscheidungsprozessen sehr hilfreich und produktivitätssteigernd. Eine solche Denkweise wird der Komplexität heutiger Prozesse oder Probleme gerecht und eröffnet uns vollkommen neue Lösungswege und damit Möglichkeiten. Geist und Herz werden geöffnet, so dass wir in unseren dynamischen und komplexen Wettbewerbsumfeldern besser bestehen können.

Die Anwendung dieser Methode fördert die Beteiligung der Teammitglieder und kann in kleinen und großen Gruppen genutzt werden. Sie wurde unter anderem schon angewendet bei einem internationalen, börsennotierten Unternehmen zur Diskussion der neuen Unternehmensstrategie und für unterschiedliche Themengebiete. Ebenfalls wurde diese Methode sehr erfolgreich bei einem europäischen Handelsunternehmen angewendet, um eine neue Struktur des Einkaufs zu diskutieren und Alternativen herauszuarbeiten.

Die sechs Hüte des Denkens® ist ein Methode, das Denken auf einzelne Bereiche zu lenken, zwischen verschiedenen Denkstilen zu wechseln, ein Thema sorgfältig zu bearbeiten, Zeit für kreatives Denken zu geben sowie Aussagen und nicht Sprecher zu bewerten. Diese Methode ist gut für Einzelentscheidungen, Brainstormings, Veränderungsprozesse sowie Gruppenentscheidungen geeignet.

Doch wie funktioniert diese Methode? Beispielsweise in Teammeetings wird ein Thema unter verschiedenen Aspekten behandelt. Unter der Leitung eines Moderators werden die verschiedenen Denkstile/Hüte genutzt, um das Thema sorgfältig und umfassend zu bearbeiten. Jeder Hut hat eine andere Farbe. Die Farben symbolisieren die jeweilige Einstellung und Denkrichtung, die man mit dem entsprechenden Hut einnimmt. Insgesamt stehen sechs verschiedene Hüte zur Verfügung. Damit ist die Zahl der verschiedenen Möglichkeiten übersichtlich und trotzdem vielseitig genug. Wenn Sie sich nun einer Fragestellung gegenübersehen, können Sie systematisch alle sechs Hüte, also zum Beispiel zunächst den weißen, dann den gelben Hut aufsetzen und Ihre Erkenntnisse zu der jeweiligen Denkrichtung aufschreiben und dann gemeinsam diskutieren. Dadurch erhalten Sie ein sehr umfassendes Bild des Problems. Die Hüte haben folgende Farben und Bedeutungen:

■ **Der weiße Hut – Informationen, Daten und Bedürfnisse:** Der weiße Hut steht dafür, Informationen zu sammeln. Diese sollen allerdings nicht bewertet werden. Es zählen nur Fakten und Zahlen. Versuchen Sie sich konsequent freizumachen von allen Emotionen oder Urteilen. Der Träger des weißen Huts verschafft sich einen objektiven Überblick über alle verfügbaren Daten und Informationen und dies vollkommen unabhängig von der persönlichen Meinung. Dieser Hut wird häufig zu Beginn einer Diskussion oder eines Prozesses aufgesetzt, um einen ersten Überblick zu erhalten.

■ **Der rote Hut – Gefühle und Intuition:** Der rote Hut steht für Emotionen. Lassen Sie alle Gefühle zu, die in Ihnen sind. Gemeint sind sowohl positive als auch negative Gefühle, wie zum Beispiel Ängste, Freude, Euphorie, Zweifel, Hoffnungen, Frustration. Lassen Sie mit dem roten Hut Ihren Bauch, auch im Sinne von Intuitionen, sprechen, nicht den Kopf. Als Träger des roten Hutes können Sie alles äußern, was Sie in sich fühlen, unabhängig davon, wie klar Sie es artikulieren können oder ob die anderen in der Gruppe etwas damit anfangen können. Alles Diffuse, alles Gefühlsmäßige kann mit dem roten Hut ausgesprochen werden, ohne dass Sie sich rechtfertigen müssen.

■ **Der schwarze Hut – Gefahren, Vorsicht, Schwierigkeiten:** Beim schwarzen Hut geht es darum, die negativen Aspekte des Problems oder der Fragestellung zu finden. Dazu gehören Gefahren, Zweifel, Risiken, Schwierigkeiten, also alle Argumente, die gegen ein Projekt beziehungsweise eine Entscheidung sprechen oder die eine Fragestellung verneinen. Wer den schwarzen Hut aufsetzt, strebt danach, alle negativen Aspekte eines Themas herauszufinden.

■ **Der gelbe Hut – Positives Denken, Machbarkeit, Vorteile:** Der gelbe Hut steht für das Gegenteil des schwarzen Huts. Hier geht es darum, das Positive zu entdecken, Machbarkeit und Vorteile zu sehen. Wer den gelben Hut aufsetzt, hat die Aufgabe, Chancen oder Pluspunkte zu finden, aber auch realistische Hoffnungen und erstrebenswerte Ziele zu formulieren. Auch hier geht es wieder darum, die positiven Aspekte aus einer möglichst objektiven Sicht zu erkennen.

■ **Der grüne Hut – Möglichkeiten, Alternativen, neue Ideen:** Dieser Hut steht für Kreativität, Möglichkeiten, Alternativen, für Wachstum und für neue Ideen. Wer diesen Hut trägt, begibt sich auf die Suche nach Alternativen. Der grüne Hut befähigt, über das hinauszudenken, was bereits getan wird oder angedacht ist. Mit dem grünen Hut können Sie beispielsweise Kreativitätstechniken einsetzen. Träger des grünen Huts dürfen alles formulieren, was zu neuen Ideen und Ansätzen führt, unabhängig davon, wie verrückt oder unrealistisch die Ideen sind.

■ **Der blaue Hut – Leitet und prüft das Denken, kontrolliert den Prozess:** Der blaue Hut leitet und prüft das Denken. Er steht auch für Kontrolle sowie für die Organisation des gesamten Denkprozesses. Wer den blauen Hut trägt, begibt sich auf die sogenannte Meta-Ebene, blickt also von einem übergeordneten Punkt auf den gesamten Prozess und erlangt so einen Überblick. Die Aufgaben des blauen Huts bestehen zum Beispiel darin, die Ergebnisse zusammenzufassen oder Entscheidungen darüber zu treffen, welche Hüte im weiteren Prozess überhaupt oder noch einmal aufgesetzt werden sollen. Oft wird dieser Hut am Ende einer Sitzung aufgesetzt. Es bietet sich aber auch an, dass eine Person den blauen Hut über den ganzen Prozess hinweg aufbehält und somit Moderator in der Besprechung, Diskussion oder Problemlösung ist.

Ein Moderator wählt die Hüte je nach Thema aus. Meist wird die Reihenfolge der Hüte je nach Thema vorher geplant. Wählt er beispielsweise den schwarzen Hut aus, so konzentrieren die Teammitglieder sich auf Gefahren und Schwierigkeiten, so dass Vorsicht im Vordergrund steht. Ebenfalls legt er den Zeitraum pro Hut fest und sorgt für die Einhaltung. Pro Hut können beispielsweise zehn bis dreißig Minuten aufgewendet werden.

Je nachdem welcher Hut diskutiert wird, wird ein anderer Aspekt des entsprechenden Themas besprochen. Es ist auf eine strenge Trennung der Aspekte, also Hüte, zu achten. Die Einzelergebnisse werden während des Brainstormings auf einem Flipchart dokumentiert.

Die Teilnehmer bewerten dann gemeinsam, welche Ideen und Anregungen sie am wichtigsten finden. Diese werden zusammengefasst und können durch Projektgruppen später weiter bearbeitet werden.

Was ist Grid? – Die sieben Führungsstile im Überblick

Grid ist ein Modell, um durch Erkenntnis und Einsicht zu lernen (vgl. hier und im Folgenden McKee/Carlson (2008) sowie „Besser führen mit Grid® - Mit exzellenter Führung zur Spitzenleistung). Andererseits sollen Selbsttäuschungen erkannt werden. Das ist deshalb so wichtig, weil Selbsttäuschung das Finden von Problemlösungen verhindert. Ein guter Mitarbeiter oder Manager muss sich zuerst einmal selbst darüber im Klaren sein, wie sein Verhalten und seine Handlungsweisen auf andere wirken. Die Wahrnehmung des eigenen Selbst ist aber oft sehr schwierig. Menschen können meist nur in einem gewissen Umfang selbstaufmerksam sein, sich also zutreffend selbst einschätzen. Wir bewerten unser eigenes Tun nach dem, was wir beabsichtigen. Unser Gegenüber bewertet dagegen unsere Handlungen.

Herrschen in Unternehmen Beziehungen, die von gegenseitigem Respekt und Vertrauen getragen sind, so wird die Gefahr des Selbstbetrugs reduziert. Objektivität kann sich durchsetzen und Probleme verhindern.

Das Grid-Seminar stellt den ersten Schritt in Richtung einer persönlichen Entwicklung dar. Solche Seminare bestehen aus verschiedenen Phasen: In der Vorbereitungsphase bekommt man Lernmaterialien, wie das vorliegende Buch, um sich einen ersten Einblick in die Materie zu verschaffen. In der Präsenzphase I werden die Inhalte im Seminar interaktiv vertieft. Lernen durch Einsicht ist das Ziel. In der Umsetzungs- und Coachingphase werden die neuen Erkenntnisse in der Praxis angewendet. Die Präsenzphase II mit Aufbau bietet die Möglichkeit einer weiteren Vertiefung und einem Ausbau der Kenntnisse. Ebenfalls findet abschließend ein 360 Grad Feedback statt, so dass jeder Teilnehmer lernt, wie er auf Kollegen, Vorgesetzte, Mitarbeiter, Kunden und Lieferanten wirkt.

Grid ist eine Methode, mit der sich die Qualität von Beziehungen auf allen Ebenen im Unternehmen untersuchen und messen lässt. Dazu stellt Grid sieben Führungsstile vor, die in der Praxis beobachtet werden können.

Die Grundidee haben wir schon in Kapitel I vorgestellt. Hier noch einmal zur Erinnerung die wichtigsten Gedanken: Die einzelnen Führungsstile ergeben sich aus der Gegenüberstellung von zwei Orientierungen. Demnach kann Verhalten unterschiedlich stark ergebnisorientiert/sachorientiert oder personenorientiert/menschenorientiert sein.

Sachorientierung bedeutet die Fokussierung des Verhaltens und der Kommunikation auf Ergebnisse und Resultate, die unmittelbar oder langfristig auftreten können. Ein Beispiel für sachorientiertes Verhalten und Kommunizieren wäre die Festlegung von Tages-, Wochen- und Monatsabsatzzielen durch die Führungskraft im Rahmen eines Vertriebsmeetings. Die Sachorientierung bildet in der grafischen Abbildung des Grid-Ansatzes die X-Achse.

Die Y-Achse stellt die Menschenorientierung dar und steht für das Maß, in dem Führungskräfte ihr eigenes Handeln reflektieren und verändern. Empathie, also die Fähigkeit sich in andere Menschen einfühlen zu können, ist hierzu eine Grundvoraussetzung. Das Abschätzen der Auswirkungen von Entscheidungen auf Menschen führt zu Vertrauen und ermöglicht den Teammitgliedern einen offenen und ehrlichen Umgang miteinander.

Aus der von Blake und Mouton definierten Neuner-Skalierung ergeben sich insgesamt 81 Felder im Grid. Ausführlich beschrieben sind allerdings nur fünf, sowie zwei Kombinationen. Es handelt sich dabei um folgende Ausprägungen:

- ■ 9,1 Stil (Hohe Sachorientierung und niedrige Menschenorientierung): Kontrolle im Sinne von Anweisen und Dominieren. Menschen mit einem solchen Stil erwarten Ergebnisse und kontrollieren den Ablauf, indem sie klare Vorgaben machen.

- ■ 1,9 Stil (Niedrige Sachorientierung und hohe Menschenorientierung): Entgegenkommen im Sinne von Nachgeben und Einwilligen. Menschen mit diesem Stil konzentrieren sich darauf, die Harmonie zu stärken bzw. wieder herzustellen. Sie sorgen für Begeisterung, indem sie sich auf die positiven und angenehmen Aspekte der Arbeit konzentrieren.

- ■ 5,5 Stil (Mittlere Sachorientierung und mittlere Menschenorientierung): Status quo im Sinne von Ausgleichen und Kompromisse suchen. Mitarbeiter und Manager mit einem solchen Stil unterstützen populäre Ziele und warnen vor unnötigen Risiken. Sie sondieren, wie ihre Ansichten bei den Beteiligten ankommen.

- 1,1 Stil (Niedrige Sachorientierung und niedrige Menschenorientierung): Gleichgültigkeit im Sinne von Ausweichen und Vermeiden. Menschen mit einem solchen Stil halten sich von aktiver Verantwortungsübernahme fern, um sich nicht in Probleme zu verstricken. Unter Druck verhalten sie sich passiv oder unterstützend.

- PAT-Stil (Abwechselnd 9,1 und 1,9, je nach Situation): Patriarch im Sinne von Vorschreiben und Anleiten. Menschen mit diesem Stil verstehen unter Führung, Ziele und Erwartungen für sich und andere festzulegen. Sie bedanken sich für Unterstützung und belohnen diese, während sie Anfechtungen unterbinden.

Abbildung 6.1   Das Grid-Koordinatensystem (Quelle: in Anlehnung an Carlson / McKee / Robinson (2006), S. 42)

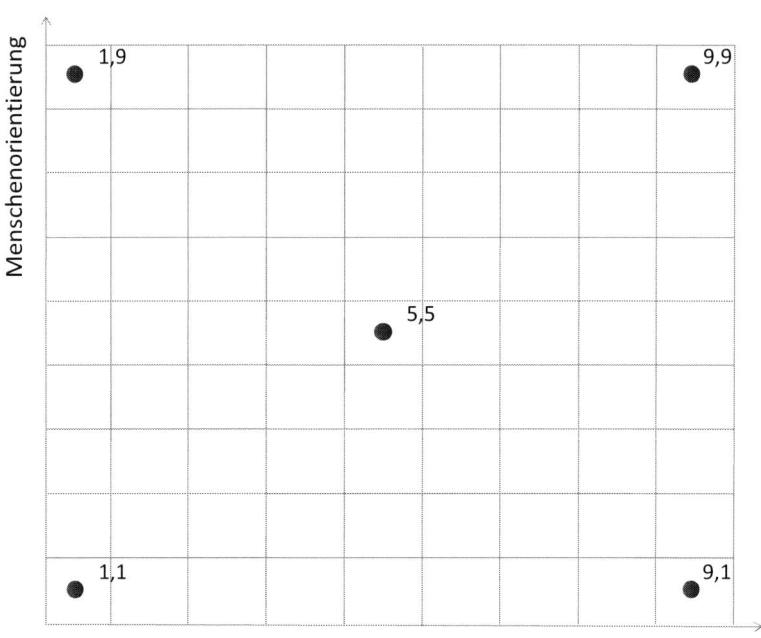

■ OPP-Stil (Einsatz aller Stile, jeweils zum eigenen Vorteil): Opportunist im Sinne von Ausnutzen und Manipulieren. Mitarbeiter und Manager mit einem solchen Stil überreden andere dazu, die Ziele zu unterstützen, die ihnen den größten persönlichen Vorteil einbringen. Um sich einen Vorteil zu sichern, ist ihnen jedes Mittel recht.

■ 9,9 Stil (Hohe Sachorientierung und hohe Menschenorientierung): Leadership mit der Zielsetzung, hohes Engagement bei Mitarbeitern zu erzeugen und dabei gleichzeitig auf optimale Ergebnisse zu achten. Menschen mit diesem Stil initiieren Teamarbeit so, dass die Teammitglieder dazu ermuntert werden, sich einzubringen und zu engagieren. Gemeinsam im Team erörtern sie alle Fakten und Alternativen, damit sich alle gemeinsam auf die beste Lösung verständigen können und so optimale Leistungsergebnisse erzielt werden können.

Das Verständnis der Grid-Stile bringt drei Vorteile: Wirkungsvolles und wirkungsloses Verhalten werden anhand des Modells identifiziert. Das eigene Verhalten am Arbeitsplatz und seine Wahrnehmung durch andere werden erkannt. Das Verhalten anderer wird erkannt und ein wirkungsvoller Umgang damit möglich.

Dieses Verhalten, im Grid-Modell als Relationen bezeichnet, ist von so großer Wichtigkeit, da es meist schwer zu messen ist, während Ressourcen und Resultate, also Input und Output, leichter darstellbar sind.

Die sieben Interaktionselemente - Wie gehen Sie mit anderen Menschen um?

Grid unterscheidet sieben Interaktionselemente (Relationen), die sich praxisnah aus der täglichen Zusammenarbeit ergeben: Kritik üben, Initiative ergreifen, Informationen gewinnen, Standpunkte vertreten, Entscheidungen treffen, Konflikte lösen, widerstandsfähiger werden. Auch hier gilt, dass nicht zwangsläufig alle Elemente in jeder Situation zum Tragen kommen, da einige davon situativ dominieren. Anhand dieser Elemente können Sie überprüfen, wie Sie mit anderen Menschen umgehen.

Kritik üben

Hier steht die Frage im Vordergrund: Wie lernt man aus Erfahrung und wie sieht konstruktive Kritik aus? Kritik zu nutzen bedeutet, aus Erfahrung zu lernen, Ergebnisse zu untersuchen um zu lernen, inwieweit Verhalten und Vorgehensweisen diese beeinflussen. Somit versteht sich Kritik als Besprechung eines Geschehens, um daraus zu verstehen und zu lernen. Die Fähigkeit, Kritik zu üben, ist die wichtigste Komponente für eine erfolgreiche Zusammenarbeit. Sie setzt Informationen frei und schafft die Voraussetzung für Synergien.

Kritik kann in unterschiedlichen Phasen geäußert werden: Kritik im Vorfeld wird im Anfangsstadium eines Projekts geübt, bessere Planung und Strukturierung sind die Folgen. Periodische Kritik gibt allen Projektbeteiligten eine planmäßige Gelegenheit, eventuelle Korrekturen vornehmen zu können, um dann wieder nach Plan weiterzuarbeiten. Begleitende Kritik dagegen ist spontan und unterbricht den Arbeitsablauf, um die Arbeitsqualität zu bewerten. Auslöser sind meist akute Probleme, Änderungsvorschläge oder Zweifel. Abschließende Kritik ist die am häufigsten auftretende Form von Kritik und wird am Projektende angebracht. Ziel ist es, aus Erfahrungen zu lernen, um in der Zukunft noch erfolgreicher zu sein.

Des Weiteren kann eine Differenzierung nach der Art der Kritik vorgenommen werden. Anonyme Kritik wird indirekt kommuniziert und ist ihrem Wesen nach meistens nicht sachlich. Offene Kritik dagegen ist meist spezifisch und aufrichtig. Zielorientierte Kritik beruht auf Kriterien, die die Gruppe selbst zu Projektbeginn festlegen sollte. Wirksame Kritik nennt genaue Beispiele, bezieht sich auf das Hier und Jetzt, beschreibt auch Gefühle und wertet nicht. Welche Empfehlungen lassen sich nun für eine erfolgreiche und konstruktive Verhaltenskritik geben?

- ■ Sie sollten immer Handlungen und nicht Personen bewerten. Wird Kritik persönlich, so führt dies zu Widerständen, Abwehrhaltungen oder Verärgerung.

- ■ Seien Sie physisch anwesend. Äußern Sie Kritik also von Angesicht zu Angesicht. So kann der Kritisierte nachfragen und kommentieren.

- ■ Beschreiben Sie die Konsequenzen. Gehen Sie nicht davon aus, dass anderen Menschen die Folgen ihres Verhaltens bewusst sind.

- Geben Sie konkrete Beispiele, um die eigenen Beobachtungen zu veranschaulichen.

- Kritisieren Sie etwas aus dem Hier-und-Jetzt. Kritik ist nämlich am wirksamsten, wenn Sie sich auf das beziehen, was hier und jetzt gerade passiert und beobachtet wird.

- Bieten Sie eine Lösung an.

- Verwenden Sie systematische Vorgehensweisen. Dies könnte beispielsweise heißen, dass erst alle Ansichten gehört werden, bevor der Teamleiter seine Sichtweise darstellt.

- Seien Sie sich über Ihre persönlichen Motive im Klaren. Nutzen Sie Kritik nicht, um andere zu dominieren oder für die eigene Popularität Punkte zu sammeln. Kritik sollte dazu dienen, dem anderen zu helfen, Probleme zu korrigieren.

Initiative ergreifen

Initiative ergreifen bedeutet zu handeln, um bestimmte Ziele zu erreichen und voranzutreiben, sowie Aktivitäten zu unterstützen. Wer Initiative zeigt, geht Situationen mit großem Selbstvertrauen an, gibt den Weg vor. Konkret äußert sich Initiative, wenn Vorschläge gemacht, Strategien entwickelt, Mitarbeiter eingebunden und Projekte vorangebracht werden.

Die Art der Initiative beeinflusst das Engagement und die Motivation der Mitarbeiter. Wenn Mitarbeiter in die Planung und Festlegung von Initiativen einbezogen werden, entstehen ein persönliches Interesse am Ergebnis der Arbeit, Begeisterung, Zuversicht und Einsatzbereitschaft. Initiative entwickelt sich besonders gut in Beziehungen, in denen Vertrauen und Respekt herrschen. Es sollte darum gehen, was richtig ist und nicht darum, wer recht hat. Geben Sie anderen die Möglichkeit, Fragen zu stellen oder potenzielle Probleme anzusprechen. So haben Sie die Chance, Widerstände abzubauen. Ihre Initiative sollte stark sein, da positive Emotionen ansteckend wirken.

Umgekehrt sollten Sie es vermeiden, rücksichtslos vorzugehen, da so Ängste und Abwehrreaktionen ausgelöst werden. Wenn Sie Ihren Mitarbeitern keine Möglichkeit zum Fragenstellen geben und diese auch keine Probleme oder Sorgen ansprechen können, baut sich Widerstand auf, da kein Sinn empfunden werden kann.

Eine zu schwache Initiative führt auf Mitarbeiterseite zu Unsicherheit und Vorsicht. Sie ist genauso ansteckend wie Engagement und Motivation.

Informationen gewinnen
Informationen gewinnen heißt, Fragen zu stellen, um Informationen einzuholen und Verständnis zu überprüfen. Vernünftige Informationsgewinnung ermutigt Menschen, Informationen miteinander auszutauschen. So kommt es zu Einsichten in alle relevanten Ansichten, offenem und spontanem Gedankenaustausch, Informationsaustausch und einer objektiven Bewertung von Tatsachen.

Wie können Sie auf effiziente Weise Informationen gewinnen? Zuerst einmal eignen sich die direkte persönliche Befragung, Brainstorming in der Gruppe, Teamdiskussionen, Forschungsprojekte sowie das Delegieren der Recherche und die Auswertung der Ergebnisse. Wirkungsvolles Zuhören als Kommunikationstechnik versucht die Meinung des Sprechers nachzuvollziehen, ermuntert den Sprecher zum Erzählen und klärt, ob die Informationen richtig verstanden wurden. Achten Sie insbesondere darauf, nicht zu werten. Hören Sie aufmerksam zu und fragen Sie nach, bis Sie die Informationen verstanden haben. Führen Sie dabei aber kein Verhör durch. Ermuntern Sie den Sprecher weiter zu erzählen. Vergewissern Sie sich, dass Sie richtig verstanden haben. Dazu können Sie das Gesagte wiederholen. Das gibt dem Sprecher die Möglichkeit, zu korrigieren und Fehlinterpretationen richtig zu stellen. Sind Sie selbst Sprecher, so sollten Sie die Zuhörfähigkeiten ständig hinterfragen. Sprechen Sie Zuhörer, die abgelenkt sind, direkt an.

Standpunkte vertreten
Unter „Standpunkte vertreten" fassen wir zusammen, wie Einstellungen, Meinungen, Ideen und Überzeugungen zu vertreten sind. Allerdings sollte gleichzeitig auch Raum für andere Ansichten bleiben, so dass sich in Projekten der vernünftigste Gedanke durchsetzt, unabhängig davon, wer ihn geäußert hat.

Die Frage ist, wie, wann und mit wie viel Überzeugungskraft ein Mensch seine Meinungen oder Ideen äußert und wie dies von anderen verstanden wird. Während einige Menschen ihre Meinungen klar und deutlich, teilweise mit viel Nachdruck, äußern, gibt es andere, die ihre Meinungen verbergen, so dass man diese nur mit viel Aufwand und Mühe herausfinden kann. Grundsätzlich aber gilt der Satz der Kommunikationspsychologie von Paul Watzlawick, dass man nicht nicht kommunizieren kann. So ist auch ein Schweigen eine Art der Kommunikation und enthält eine klare Botschaft.

Viele Menschen empfinden es besonders im Berufsalltag als anstrengend und riskant, Standpunkte zu vertreten. Schließlich müssen Standpunkte auch begründet werden. Damit setzt man sich einer Bewertung durch andere aus. Deshalb schließen sich viele Menschen gerne der Mehrheitsmeinung an.

Das Vertreten von Standpunkten birgt insbesondere dann ein hohes Risiko, wenn es keine allgemein anerkannten Standards für Offenheit und Ehrlichkeit gibt. Gerade dann kommt es zur Unterstützung von Mehrheitsentscheidungen.

Als Vorgesetzter sollten Sie mit gutem Beispiel vorangehen und ihre Meinung authentisch, also offen und aufrichtig, vertreten. Ermutigen Sie auch andere, dies zu tun.

Regeln können Ihnen helfen, Offenheit und Ehrlichkeit zu ermutigen. So sollten Ideen nach ihrem Nutzen beurteilt werden, egal von wem sie kommen. Die Ansichten von jedem müssen berücksichtigt werden. Auch sollte klar sein, dass besondere Ergebnisse teilweise auf unkonventionellen Vorschlägen beruhen. Gerade hier hilft die weiter oben beschriebene Methode der sechs Hüte des Denkens®.

Entscheidungen treffen

Entscheidungen treffen besagt, Ressourcen, Kriterien und Konsequenzen für eine Entscheidung auszuwerten. Gute Beziehungen sind vorauszusetzen, damit die Entscheidung von der Gruppe mitgetragen wird. Tragen alle Gruppenmitglieder den Beschluss mit, so spricht man von einer Konsensentscheidung. Doch nicht jede Entscheidung muss im Team getroffen werden:

Entscheidungen können alleine getroffen werden, wenn die Person über das Wissen und die Fähigkeit zur alleinigen Entscheidung verfügt. Zwei Teammitglieder können eine Entscheidung gemeinsam treffen, wenn sie zusammen über das notwendige Know-how verfügen. Mehr als zwei, aber nicht alle Teammitglieder, können eine Entscheidung treffen, wenn dies die relevanten Experten sind. Ein Team sollte zusammen entscheiden, wenn der gesamte Sachverstand aller Mitglieder nötig ist beziehungsweise alle Mitglieder zur Umsetzung der Entscheidung notwendig sind.

Beteiligung wird insbesondere dann erreicht, wenn alle Teammitglieder einbezogen werden. Engagement ist die Folge, Akzeptanz entsteht.

Konflikte lösen

Konflikte entstehen, wenn Menschen unterschiedlicher Meinung sind. Stumme Frustration, beiläufige, negative Kommentare, offener Streit oder herausfordernde Empörung über andere können die Folgen sein. Konflikte können meistens vorhergesehen werden. Auf jeden Fall kann auf sie angemessen reagiert werden.

Ungelöste Konflikte schaffen Unzufriedenheit und demotivierte Mitarbeiter. Das Arbeitsengagement sinkt. In der Praxis kann man beobachten, dass viele Manager der Meinung sind, bei Ihnen gäbe es keine Konflikte, da Streit oder Auseinandersetzungen nicht offen ausgetragen werden. Dies ist meistens eine Form von Selbsttäuschung, die auch mit einer Angst vor Konflikten zusammenhängt. Deshalb werden Kommentare und Situationen ignoriert, um keinen Konflikt öffentlich eingestehen zu müssen. Solch ein Verhalten führt allerdings zu Frustration, Unmut und Gleichgültigkeit bei den Mitarbeitern.

Sind Mitarbeiter oder Manager unterschiedlicher Meinung, entstehen Konflikte. Diese können destruktiv und demotivierend oder kreativ und konstruktiv sein, je nachdem wie der Umgang damit ist. Konflikte sollten aktiv angegangen und zur gegenseitigen Zufriedenheit gelöst werden. So entsteht wiederum gegenseitiger Respekt. Umgekehrt lösen ungelöste Konflikte Geringschätzung, Feindschaft und Abneigung aus.

Das Lösen von Konflikten ist in der Wahrnehmung von Menschen, die Konflikte nicht gern angehen, mit erheblichen persönlichen Risiken verbunden. Sie übersehen dabei den Gewinn, der durch Konfliktlösungen entsteht.

In guten, produktiven Beziehungen nutzen Menschen Konfliktlösungsstrategien. In einem ersten Schritt sollte man seinem Gegenüber aktiv zuhören und empathisch auf seine Wahrnehmungen, Gefühle und Einstellungen eingehen. Dann gilt es, die Situation genau zu analysieren und das Problem tatsächlich zu lösen. Dazu sind die folgenden Fragen zu beantworten: Ist das Problem verständlich und klar definiert oder gibt es mehrere Problemdefinitionen? Werden sowohl die sachlichen als auch die persönlichen Aspekte des Problems berücksichtigt? Haben sich die Parteien die Zeit genommen, alle notwendigen Informationen zu sammeln und auszutauschen? Sind die Zielvorstellungen der Parteien allen klar und verständlich? Sind die Parteien bereit, verschiedene Lösungsvorschläge zu erarbeiten? Sind die Parteien bereit, nach einer gemeinsamen Lösung zu suchen? Herrscht Übereinstimmung über die Präferenzen bei der Bewertung einer Lösung? Wird bei der Entscheidung über eine Lösung berücksichtigt, ob sie neuartig ist, Kompensation enthält oder Kompromisse zulässt? Sind alle Beteiligten bereit, die Entscheidung zu akzeptieren und zu tragen?

Konflikte zu lösen bedeutet dabei, Gruppenmitglieder mit Meinungsverschiedenheiten zu konfrontieren, diese konstruktiv auszutragen und auf eine gemeinsame Lösung hinzuarbeiten. Gelöste Konflikte lösen dabei positive Energie aufgrund positiver Emotionalität aus.

Resilienz aufbauen/ Widerstandsfähiger werden/ Mit Misserfolgen umgehen

Um Resilienz aufzubauen, also Widerstandsfähiger zu werden, muss man auch mit Misserfolgen umgehen können (siehe auch Kapitel IV). Mit Misserfolgen umgehen bedeutet, auf Probleme, Rückschläge und Fehlschläge zu reagieren und sie hinsichtlich ihrer Konsequenzen für das weitere Vorgehen zu untersuchen. Die Initiierung eines Lernprozesses ist das Ziel.

Mit Misserfolgen können insbesondere die Mitarbeiter und Manager besonders gut umgehen, die über viel psychologisches Kapital verfügen. Erleben sich Menschen als selbstwirksam, hoffnungsvoll, optimistisch und widerstandsfähig, werden Misserfolge als Herausforderung und Ansporn gesehen.

Beziehungen zwischen Managern und Mitarbeitern, die von gegenseitigem Vertrauen und Respekt geprägt sind, unterstützen das positive Umgehen mit Misserfolgen. Resilienz, also Widerstandsfähigkeit, entsteht. Gleiches gilt für Konsensentscheidungen sowie offene und sachliche Abschlusskritik.

Die Führungsstile im Detail und die Frage: Wie führen Sie?

Aufbauend auf der Sach- und Menschenorientierung und den soeben diskutierten Interaktionselementen (Relationen), lassen sich die verschiedenen
Grid-Stile erst verstehen und dann zu einer Verhaltensänderung durch
Einsicht nutzen. Im Folgenden sollen die sieben relevanten Stile näher
vorgestellt werden.

Der 9,1 Stil: Kontrolle (anweisen und dominieren)

Der 9,1-Stil zeichnet sich durch hohe Ergebnis- und geringe Menschenorientierung aus. 9,1-orientierte Menschen üben ihre Rollen unter der Annahme aus, dass beide Orientierungen unvereinbar sind.

Tabelle 6.2	Der 9,1 Stil (Quelle: Besser führen mit Grid (2007), S. 26f.)
Kurzbeschreibung	Erwarten Sie Ergebnisse und kontrollieren den Ablauf? Machen Sie klare und detaillierte Vorgaben? Setzen Sie Regeln zur Sicherung Ihrer ehrgeizigen Ziele? Dulden Sie kein Abweichen von Ihrem Vorgehen?
Wirkung	Mitarbeiterentwicklung und Kreativität werden erstickt oder unterdrückt. Es herrschen Ärger und Abwehrverhalten, minimale Kommunikation, einseitige Kritik. Ein Mensch mit dem 9,1-Stil muss doppelt so hart arbeiten um sicherzustellen, dass andere seinem Anspruch gerecht werden. Mitarbeiter, die nicht beteiligt werden, sind meist nicht engagiert.

Ein Mensch mit diesem Verhalten ist entscheidungsfreudig, konzentriert sich auf das Wesentliche und strebt nach Erfolg. Er zeichnet sich oft durch eine gute Ausbildung, ein gutes Organisationsvermögen, viel Erfahrung, die Fähigkeit ein Team zu führen, ein hohes Selbstbewusstsein und Mut aus.

Seine geringe Menschenorientierung lässt ihn dabei dominierend auftreten und andere einschränken. Subjektiv werden die beiden Grid-Grundorientierungen als Zielkonflikt empfunden. In Bezug auf andere versucht ein solcher Mensch stets zu dominieren. Dies führt zu einem negativen Teamklima, ebenso wie das alleinige Treffen von Entscheidungen ohne ausreichende Kommunikation. Es ist schwierig für die Teammitglieder, einen Sinn in ihrer eigenen Arbeit zu sehen. Überforderung ist oft die Folge.

Die positive Motivation eines Menschen mit 9,1-Stil zeichnet sich durch den Wunsch aus, in einer Beziehung Kontrolle und Dominanz auszuüben, Herausforderungen zu suchen und Sicherheit durch Planung zu erfahren. Negative Motivationen sind Versagensängste und Angst vor Hilflosigkeit.

Diese Motivationen führen zu einem Verhaltensstil, bei dem Kritik einseitig geübt wird, wertend und meist negativ ist und Lob kaum angebracht wird. Initiative wird nur im eigenen Interesse gezeigt. Informationen werden einseitig gewonnen und nicht geteilt. Standpunkte werden mit Autorität und Überzeugung vertreten, Entscheidungen werden alleine getroffen. Konflikte werden durch Kontrolle unterdrückt. Bei Misserfolgen wird die Verantwortung abgeschoben. Die nachfolgende Tabelle verdeutlicht den Interaktionsstil im Detail:

Tabelle 6.3	Der 9,1 Stil (Quelle: Besser führen mit Grid (2007), S. 27ff.)
Kritik üben (9,1-Stil)	Sagen Sie anderen Ihre Meinung, blocken aber selbst alle Versuche ab, dass Sie bewertet werden? Benennen Sie Schwächen im Detail und weisen Sie Schuld zu, so dass andere von den Fehlern lernen können? Halten Sie sich mit Lob zurück, weil Sie befürchten, dass andere dann träge, zufrieden und selbstgefällig werden? Weisen Sie andere schnell auf ihre Fehler und Schwächen hin, und entscheiden Sie dann willkürlich über den einzuschlagenden Kurs zur Verbesserung? Setzen Sie Ziele, ohne andere daran zu beteiligen? Ist Ihnen Folgsamkeit wichtiger als Engagement und Beteiligung? Lautet Ihr Motto: „Nur die Fakten bitte!"? Lassen Sie sich nur ungerne von anderen kritisieren? **Folgen:** Diskussion und Analyse finden nicht statt; keine Mitarbeiterbeteiligung; kein Mitarbeiterengagement; Kritik ist eine Einbahnstraße; Mitarbeiter können nichts Sinnvolles beitragen; Verteidigungshaltung auf Mitarbeiterseite.

Initiative ergreifen **(9,1-Stil)**	Sehen Sie ganz klar Ihre Verantwortung, und zeigen Sie deutlich Ihre Entschlossenheit? Erwarten Sie von anderen, dass sie Ihren Vorgaben fraglos nachkommen? Brechen Sie Konflikte ab oder unterdrücken Sie sie, wenn Sie glauben, dass dadurch der reibungslose Ablauf bedroht ist? Glauben Sie, immer die beste Vorgehensweise zu kennen? Fühlen Sie sich schwach und glauben Sie die Kontrolle zu verlieren, wenn Sie andere um ihre Meinung fragen? Trauen Sie Ihren Mitarbeitern keine selbstständige Initiative zu? Arbeiten Sie nach dem Motto: „Wenn ich es richtig erledigt haben möchte, dann muss ich es wohl selbst tun"? <u>**Folgen:**</u> Mitarbeiterentwicklung und Kreativität werden erstickt; Mitarbeiter werden demotiviert; Mitarbeiterpotentiale werden nicht genutzt; ein fortlaufendes Prüfen und Kontrollieren ist nötig; Weiterbildungen außerhalb des Arbeitsplatzes gibt es nur in Ausnahmefällen.

Informationen gewinnen **(9,1-Stil)**	Befragen Sie andere, wehren aber selbst Fragen ab? Stellen Sie gezielt Fragen, um zu überprüfen, ob die anderen alles richtig verstanden haben? Interessieren Sie andere Meinungen und Ideen nicht, außer die, nach denen Sie gefragt haben? Stellen Sie nur geschlossene und suggestive Fragen wie: „Folgendes müssen wir tun. Da stimmen Sie doch sicher mit mir überein?" oder „Habe ich das nicht eben klar ausgedrückt?" **Folgen:** Mitarbeiter können kaum Fragen stellen; Mitarbeiter halten Informationen zurück; kein Mitarbeiterengagement; Probleme werden nicht vorhergesehen; kreative Lösungen werden nicht entwickelt; neue Ideen werden nicht eingebracht.
Standpunkte vertreten **(9,1-Stil)**	Sagen Sie Ihre Meinung mit Autorität, Überzeugung und in einem Ton, der Diskussion von vornherein ausschließen soll? Lassen Sie es nicht zu, dass Ihr Standpunkt angefochten oder in Frage gestellt wird? Dulden Sie keinen Widerspruch? Ändern Sie selten Ihre Meinung, selbst dann nicht, wenn es bessere Alternativen gibt?

	Folgen: Keine neue Einsichten; hohe Gefahr von Fehlentscheidungen; Demotivation der Mitarbeiter.
Entscheidungen treffen (9,1-Stil)	Treffen Sie Entscheidungen lieber alleine und geben Sie diese dann bekannt, wobei Sie keine Einmischung von anderen wünschen? Lehnen Sie andere Menschen ab, die Ihr Urteil in Frage stellen? Verteidigen Sie bei Meinungsverschiedenheiten Ihre Entscheidung mit Nachdruck? **Folgen:** Entscheidungen sind endgültig; Gefahr von Fehlentscheidungen; geringes Mitarbeiterengagement.
Konflikte lösen (9,1-Stil)	Glauben Sie, dass Konflikte die Produktivität gefährden? Reagieren Sie mit Kontrolle, um den Konflikt zu unterdrücken oder abrupt zu beenden, damit Sie weitermachen können? **Folgen:** Andere Meinungen werden unterdrückt; Rachemotive können entstehen; Demotivation; schlechte Arbeitsmoral; geringe Produktivität; Zurückhaltung von Informationen.

Resilienz/ Widerstandsfä-higkeit/ Mit Misserfolgen umgehen (9,1-Stil)	Erwarten Sie Erfolg, und arbeiten Sie konzentriert darauf hin? Versuchen Sie bei Misserfolgen, die Verantwortung abzuschieben und schnell wieder die volle Kontrolle zu bekommen? **Folgen:** Isolation; keine Unterstützung; Schadenfreude der Mitarbeiter.

Zusammenfassend lässt sich ein Mitarbeiter und Manager mit diesem Stil als misstrauisch, ungeduldig, streitsüchtig, anklagend, opponierend, unzugänglich, zurückweisend, feindselig, abwehrend, bestrafend, arrogant, energisch, starrsinnig, intolerant, anmaßend, herrisch, fordernd, entschlossen, autokratisch und einschüchternd charakterisieren.

Typische Aussagen:
Anweisungen werden ohne Diskussion bekannt gegeben:

„So müssen wir es machen."

„Sie müssen …"

„Ich habe da bereits einen Plan."

Der 1,9 Stil: Entgegenkommen (nachgeben und sich fügen)

Der 1,9-Stil zeichnet sich durch niedrige Ergebnis- und hohe Menschenorientierung aus. Wie der 9,1 orientierte Mensch glaubt auch der 1,9 orientierte Mitarbeiter und Manager, dass zwischen beiden Orientierungen ein Widerspruch besteht.

Tabelle 6.4	Der 1,9 Stil (Quelle: Besser führen mit Grid (2007), S. 38ff.)
Kurzbeschreibung	Setzen Sie sich für Ergebnisse ein, mit denen sich die Harmonie stärken beziehungsweise wiederherstellen lässt? Sorgen Sie für Begeisterung, indem Sie sich auf die positiven und angenehmen Aspekte der Arbeit konzentrieren? Vernachlässigen Sie die Ergebnisse und somit die Sachorientierung?
Wirkung	Es kommt zu passiver Initiative. Die Konzentration auf zwischenmenschliche Aspekte steht im Vordergrund. Konfliktunfähigkeit ist die Folge. Es wird keine konstruktive Kritik geäußert und nur positiv verstärkt.

Dieser Verhaltenstyp ist an seinen Mitmenschen orientiert, kennt deren Ziele und Ambitionen und die Auswirkungen des eigenen Verhaltens darauf. Er zeichnet sich durch hohe Empathie aus.

Die Folge der geringen Ergebnisorientierung in Kombination mit der inadäquaten Gesprächsführung ist eine geringe Produktivität. Wie bereits gesagt, werden die beiden Grid-Grundorientierungen als Zielkonflikt empfunden. In sozialen Interaktionen versuchen solche Personen ihren Mitmenschen möglichst entgegenzukommen. Dies führt zu einem positiven Teamklima ohne klare Ziele, Ehrlichkeit und Respekt, so dass Teammitglieder keine oder eine nur geringe Sinnhaftigkeit empfinden. Sie sind darüber hinaus unterfordert.

Die positive Motivation eines Menschen mit 1,9-Stil zeichnet sich durch den Wunsch nach Anerkennung und Zustimmung aus. Negative Motivationen sind Ängste vor Zurückweisung und Isolation.

Diese Motivationen führen zu einem Verhalten, bei dem Kritik einseitig im Sinne von Lob und Bestätigung verwendet wird. Initiative wird nur gezeigt, wenn vorher die Zustimmung aller Beteiligten eingeholt wurde. Informationen werden indirekt gewonnen und nur positiv gedeutet. Standpunkte werden nur vertreten, wenn dies zu guten Beziehungen führt und zum Nutzen aller Beteiligten ist. Entscheidungen werden selten getroffen und wenn, dann nur nach vorheriger genauer Evaluierung aller möglichen Auswirkungen auf andere Teammitglieder. Konflikte werden zumeist vermieden, bei Misserfolgen wird die Verantwortung persönlich übernommen. Die nachfolgende Tabelle verdeutlicht diesen Stil im Detail:

Tabelle 6.5 Der 1,9 Stil
(Quelle: Besser führen mit Grid (2007), S. 39ff.)

Kritik üben (1,9-Stil)	Geben Sie Bestätigung und Lob bei positiven Ereignissen? Vermeiden Sie es, etwas Negatives zu sagen? Schätzen Sie positive Kritik, und entschuldigen Sie sich, wenn etwas Negatives zu sagen ist? Sind Sie der Meinung, dass es zu Frustration kommt, wenn man die Aufmerksamkeit auf Fehler lenkt?
	Folgen: Probleme werden ausgeblendet; geringe Produktivität; keine kontinuierliche Verbesserung.

Initiative ergreifen **(1,9-Stil)**	Sichern Sie sich die Zustimmung anderer, bevor Sie etwas unternehmen? Ergreifen Sie nur die Initiative, wenn Sie sich der Zustimmung des Teams sicher sind? Ziehen Sie sich zurück, wenn es zu Konflikten kommt? Übernehmen Sie gerne Aufgaben, die anderen Schwierigkeiten bereiten? Geben Sie gerne Gehaltserhöhungen, Neueinstellungen und Investitionen bekannt? Widerstrebt es Ihnen, zu viel Druck auf Ihre Mitarbeiter auszuüben? Geben Sie Anweisungen mittels genereller Aussagen? Scheuen Sie sich davor, klar und direkt zu sein? Kann sich jeder in Ihrem Team fortbilden, wie er es möchte? Delegieren Sie Aufgaben nur, wenn andere diese freiwillig übernehmen? Mischen Sie sich dann nicht mehr ein und überprüfen Sie auch nicht, ob der entsprechende Mitarbeiter den Anforderungen entspricht? **Folgen:** Zögerliche Initiative; Weg des geringsten Widerstandes; geringe Produktivität; pseudo-harmonisches Klima; nicht zielgerichtete Fortbildungen; Beliebigkeit.

Informationen gewinnen **(1,9-Stil)**	Informieren Sie sich auf indirektem Wege, um die Arbeitsmoral und die freundliche Stimmung im Team zu verbessern? Suchen Sie die Diskussion über positive Informationen? Gehen Sie Fragen zu negativen und kontroversen Themen aus dem Wege? Legen Sie großen Wert darauf, mit Ihren Kollegen in Kontakt zu sein? Fragen Sie nur oberflächlich nach? **Folgen:** Informationen werden zurückgehalten; Desinformation; Pseudo-Zuhören; konstruktive Ideen werden nicht angesprochen.
Standpunkte vertreten **(1,9-Stil)**	Vertreten Sie Ihre Meinung offen und mit Überzeugung, wenn diese für freundschaftliche Beziehungen förderlich ist? Halten Sie bei offenem Widerstand Ihre Überzeugungen zurück, oder versuchen Sie, die Differenzen auszugleichen? Agieren Sie gerne als „Anwalt der Arbeitnehmer"? Gehen Sie Kontroversen oder Konfliktsituationen aus dem Wege? **Folgen:** Ergebnisse sind Nebensache; Beliebigkeit; kaum Festlegung.

Entscheidungen treffen **(1,9-Stil)**	Treffen Sie selten Entscheidungen, ohne vorher mit anderen ausführlich darüber zu sprechen? Geht es Ihnen bei einer Entscheidung vor allem um die Auswirkungen auf die Betroffenen? Zögern Sie kontroverse Entscheidungen hinaus oder delegieren Sie diese? Treffen Sie nur dann schnell Entscheidungen, wenn eine positive Reaktion zu erwarten ist und es keine Hindernisse gibt? Fühlen Sie sich hin und her gerissen zwischen dem Wunsch nach Autorität und Loyalität gegenüber anderen und dem Wunsch, die Entscheidungen immer zum Wohle der Mitarbeiter zu treffen, selbst wenn negative Konsequenzen offensichtlich sind? **Folgen:** Bei umstrittenen Entscheidungen kommt der Entscheidungsprozess zum Erliegen, oder er wird delegiert; innovative Möglichkeiten werden übersehen; stehen gute Beziehungen und Resultate im Konflikt, so werden immer die positiven Beziehungen bevorzugt; Entscheidungen werden im Zweifel verschoben; wichtige Entscheidungen werden delegiert.

Konflikte lösen (1,9-Stil)	Versuchen Sie Meinungsverschiedenheiten zu vermeiden, und gehen Sie Konflikten möglichst aus dem Wege? Beschuldigen Sie andere, oder versuchen Sie mit Humor abzulenken oder mit Toleranz zu werben? Oder übernehmen Sie selbst die Schuld und Verantwortung? Heben Sie Bereiche hervor, in denen Übereinstimmung herrscht, wenn sich ein Konflikt nicht vermeiden lässt? Sehen Sie keinen Nutzen darin, Konflikte anzugehen? Geben Sie sich mit oberflächlichen Maßnahmen zufrieden? **Folgen:** Konflikte werden selten nach Faktenlage gelöst, um niemanden zu verletzen; kreative Lösungen werden nicht erkannt und umgesetzt.

Resilienz/ Widerstandsfähigkeit/ Mit Misserfolgen umgehen (1,9-Stil)	Stimuliert Sie Erfolg, und feiern Sie diesen gerne mit anderen? Fühlen Sie sich bei Misserfolgen persönlich verantwortlich und schuldig, andere im Stich gelassen zu haben? Unternehmen Sie dann alles, damit sich die anderen wieder besser fühlen? Können Sie ohne die Unterstützung anderer schlecht mit Misserfolgen umgehen? **Folgen:** Oberflächliches Lob hindert andere daran, aus den Misserfolgen zu lernen.

Zusammenfassend lässt sich ein Mitarbeiter und Manager mit diesem Verhaltensmuster als relativ eingeschüchtert, besorgt, ängstlich, bedauernd, niedergeschlagen, entschuldigend, reuevoll, zurückhaltend, schuldbewusst, selbstbezichtigend oder auf der anderen Seite in gewissen Situationen als mitfühlend, freundlich, unterstützend, bestätigend, gefügig, nachgiebig, schmeichelnd, fröhlich, gefällig, verständnisvoll und gerne übertreibend charakterisieren.

Typische Aussagen:
„Ich weiß, dass Sie mehr als genug zu tun haben, aber da ist wieder diese kleinliche Revision."

„Da sind wieder einige Beschwerden. Könnten Sie sich vorstellen, etwas genauer zu arbeiten?"

„Es tut mir sehr leid, dass Ihre Idee nicht funktioniert hat, aber ich finde sie nach wie vor hervorragend."

„Ich schätze Ihre Meinung und will nichts unternehmen, was unserer guten Beziehung schadet!"

„Es mag lächerlich klingen, aber …"

Andere werden entschuldigt: „Er stand unter großen Druck."

Es wird versucht mit Humor abzulenken: „Es könnte noch viel schlimmer kommen."

Es wird mit Toleranz geworben: „Können wir das jetzt erst einmal beiseite-lassen."

Schuld und Verantwortung werden selbst übernommen: „Die ganze Sache ist eigentlich meine Schuld."

Die Bereiche, in denen Übereinstimmung herrscht, werden hervorgehoben: „Was machen Sie beide denn da? Sie kommen doch sonst so gut miteinan-der klar. Sie hatten doch beide recht mit Ihrem Bericht letzte Woche."

Der 5,5 Stil: Status Quo (ausgleichen und Kompromisse suchen)

Der 5,5-Stil zeichnet sich durch eine mittlere Ergebnis- und Menschenori-entierung aus. Eine Person mit diesem Verhalten konzentriert sich auf die Unterstützung populärer Ziele, warnt vor unnötigen Risiken und sondiert, inwieweit seine Ziele bei seinen Mitmenschen ankommen.

Tabelle 6.6	Der 5,5 Stil (Quelle: Besser führen mit Grid (2007), S. 49ff.)
Kurzbeschreibung	Unterstützen Sie populäre Ziele und warnen vor unnötigen Risiken? Sondieren Sie, wie Ihre Ansichten bei den Beteiligten ankommen?
Wirkung	Es kommt zu einer übergenauen Einhaltung der Vorschriften. Es wird ausschließlich flache und „sichere" Kritik geübt. Konflikte werden verschleppt, Kreativität eingeschränkt.

Ein Mensch mit dem 5,5-Stil zeichnet sich vor allem durch Mittelmaß aus. Seine mittelmäßige Ergebnis- und Menschenorientierung verhindert Kreativität, Engagement sowie Vertrauen und Respekt. Die beiden Grid-Grundorientierungen werden als Zielkonflikt empfunden. Anders als 9,1 und 1,9 orientierte Personen, setzen die 5,5 orientierten Menschen allerdings keinen Schwerpunkt. Dieser Verhaltenstyp vermeidet Extreme. Er ist effizient in stabilen Umfeldern. Spitzenleistungen können aber nicht entstehen.

Er beruft sich gerne auf bisherige Praktiken, bestehende Grundsätze und die Vergangenheit, um innerhalb der akzeptierten Grenzen zu bleiben. Er orientiert sich an Mehrheitsentscheidungen und der vorherrschenden Meinung. Er zieht die anerkannten Normen und Standards heran, gleichgültig ob diese noch angebracht sind.

Oft ist der 5,5 orientierte Mensch die am besten informierte Person im Team, weil er die Firmenstatuten kennt, die Fachzeitschriften liest und weitere Informationsquellen nutzt. Er hat ein chronologisches Gedächtnis für Vorkommnisse aus der Vergangenheit. Er ist in Bezug auf existierende Bedenken, Zweifel und Risiken sehr beschlagen.

In sozialen Interaktionen versucht dieser Typus, durch seine Intelligenz und gute Informationen andere zu überzeugen und gleichsam weniger zu leisten. Dies führt zu einem positiven Teamklima, aber auch nur zu mittelmäßigen Resultaten, da Konflikte nicht ausgetragen werden. Die Teammitglieder empfinden zumeist keine Sinnhaftigkeit.

Die positive Motivation eines Menschen mit 5,5-Stil zeichnet sich durch den Wunsch nach Kontinuität und Zugehörigkeit aus. Negative Motivationen sind Angst vor Blamage und Demütigung.

Dies führt zu einem Verhaltensstil, bei dem Kritik je nach Situation informell oder formell gegeben wird. Feedback wird aktiv gesucht, um sicherzustellen, dass das Vorgehen allgemein akzeptiert und damit kein persönliches Risiko eingegangen wird. Initiative wird nur gezeigt, wenn damit ein geringes Risiko verbunden ist und sie im Einklang mit der bisherigen Praxis steht. Informationen werden meist direkt und umfassend gewonnen, ohne eine klare Position zu beziehen, um nicht angegriffen werden zu können. Standpunkte werden nur vertreten, wenn diese mit den Meinungen und Erwartungen der Vorgesetzten übereinstimmen. Entscheidungen werden selten getroffen und wenn, dann nur auf der Basis von Mehrheitsbeschlüssen und großer Zustimmung. Konflikte werden vermieden. Bei Misserfolgen wird die Verantwortung nicht persönlich übernommen, da vorher eine breite Zustimmung für das Vorgehen eingeholt wurde. Die nachfolgende Tabelle verdeutlicht diesen Stil im Detail:

Tabelle 6.7   Der 5,5 Stil
                 (Quelle: Besser führen mit Grid (2007), S. 49ff.)

Kritik üben (5,5-Stil)	Geben Sie nur informelle Kritik, damit die anderen in einem akzeptablen Tempo arbeiten können und Sie nicht als Bösewicht dastehen? Regen sie aktiv zu Kritik an, um sicherzustellen, dass Ihr Vorgehen allgemein akzeptiert wird? **Folgen:** Klare und ehrliche Aussagen gibt es nicht; unaufrichtige Leistungsbewertungen; keine hilfreiche und konstruktive Kritik; geringe Produktivität; ineffektive Zielsetzung.
Initiative ergreifen (5,5-Stil)	Ergreifen Sie Initiative nur, wenn damit ein geringes Risiko verbunden ist und diese im Einklang mit der bisherigen Praxis steht? Vermeiden Sie Überraschungen, indem Sie Initiativen umfangreich durchdenken? Berufen Sie sich bei unpopulären Maßnahmen auf Vorschriften und die bisherige Praxis? Sehen

	Sie zusätzliche Weiterbildung Ihrer Teammitglieder als riskant an, da die neuen Ideen den Status Quo gefährden könnten? **Folgen:** Keine kreativen Ideen; keine neuen Entwicklungen; Initiativen werden verwässert; keine Weiterbildung von Mitarbeitern.
Informationen gewinnen (5,5-Stil)	Verschaffen Sie sich umfassende Informationen, um andere Meinungen und Vorschläge zu hören? Regen Sie bei kontroversen Themen Nachfragen an, ohne Ihre persönliche Meinung zu enthüllen? Versuchen Sie in Einzelgesprächen, durch Fachzeitschriften und Verbandsmitgliedschaften Informationen zu gewinnen? Nutzen Sie formale Quellen wie Aktennotizen, um Informationen von unten nach oben zu leiten? **Folgen:** Informationen werden verwässert; Mitarbeitern erschließt sich oft die Sinnhaftigkeit nicht; Informationen dienen nur dem Absichern des Status Quo.
Standpunkte vertreten (5,5-Stil)	Vergleichen Sie Ihre Meinung mit den Erwartungen Ihrer Vorgesetzten, Erfahrungen aus der Vergangenheit und aktuellen Meinungen, bevor Sie Ihre Position vertreten? Halten Sie

	Ihre Überzeugungen zurück, wenn die Unter-stützung ungewiss oder das Ergebnis unklar ist? Vertreten Sie normalerweise nur populäre und risikolose Positionen und machen Zuge-ständnisse, wenn Sie angegriffen werden? **Folgen:** Breite Akzeptanz soll erreicht werden; neue Standpunkte werden ausgeblendet; indi-rekte Manipulation.
Entscheidungen treffen (5,5-Stil)	Geht es Ihnen bei Entscheidungen vor allem um Mehrheitsbeschlüsse und Zustimmung? Gehen Sie „faule Kompromisse" ein, um Konflikten aus dem Weg zu gehen? Entscheiden Sie auf der Grundlage der Firmengeschichte, anhand der Mehrheitsmeinung, aufgrund der Erwartungen höherer Instanzen und mit geringem Risiko? **Folgen:** Es kommt zu falschen Entscheidungen, wenn die Informationen unvollständig waren; keine Innovationen; keine Kreativität.
Konflikte lösen (5,5-Stil)	Ziehen Sie sich lieber aus Konflikten zurück, indem Sie eine neutrale Position einnehmen und eine Lösung vermitteln? Suchen Sie nach unkontroversen Lösungen? Greifen Sie gerne auf Schlichtungstaktiken wie Kleinreden des Konfliktes, gezieltes Wegleiten der Diskussion

	von Meinungsverschiedenheiten, sowie Trennung der Konfliktparteien zurück? Sind Sie der Meinung, dass ein Konflikt nicht wirklich gelöst werden kann? **Folgen:** Konflikte brechen schnell wieder auf mit einer dann erhöhten Dringlichkeit; Pattsituationen und Stillstand entstehen.
Resilienz/ Widerstandsfähigkeit/ Mit Misserfolgen umgehen (5,5-Stil)	Arbeiten Sie für den Erfolg durch Risikominimierung? Wollen Sie sich nicht von anderen abheben, weder durch Erfolge noch durch Misserfolge? Handeln Sie immer nach bewährten Mustern, um sowohl Erfolge als auch Misserfolge mit anderen zu teilen? **Folgen:** Kein Lerneffekt; Pseudo-Harmonie.

Zusammenfassend lässt sich ein Mitarbeiter und Manager mit diesem Stil als unsicher, vorsichtig, bedächtig, unentschlossen, behutsam, wachsam, skeptisch, unbestimmt, unklar, zweifelnd, zögerlich, schwankend, ordentlich, gefällig, ausgeglichen, stetig, anpassend, angenehm, methodisch, politisch, praktisch, gemäßigt und pragmatisch charakterisieren.

Typische Aussagen:
„Es gibt da einen leichteren Weg. Möchten Sie, dass ich es Ihnen zeige?"

„Wissen Sie, so haben wir das hier noch nie gemacht."

„Nur ein kleiner Rat von mir: ..."

Der 1,1 Stil: Gleichgültigkeit (ausweichen und vermeiden)

Der 1,1-Stil zeichnet sich durch niedrige Ergebnis- und niedrige Menschenorientierung aus. Ein Mensch mit diesem Verhalten ist orientiert an Neutralität und Unauffälligkeit. Er zeichnet sich vorwiegend durch Apathie aus. Seine geringe Ergebnis- und Menschenorientierung verhindert Produktivität.

Tabelle 6.8	Der 1,1 Stil (Quelle: Besser führen mit Grid (2007), S. 60f.)
Kurzbeschreibung	Halten Sie sich von aktiver Verantwortungsübernahme fern, um nicht in Probleme verstrickt zu werden? Verhalten Sie sich unter Druck passiv oder unterstützend, um nicht aufzufallen?
Wirkung	Mangelnde Kreativität und äußerst geringes Engagement sind die Folgen. Es herrschen Apathie auf der einen Seite und eine übergroße Abhängigkeit von Anweisungen auf der anderen Seite. Konflikte werden aktiv vermieden. Kritik ist vage und begrenzt.

Im Umgang mit anderen versucht eine solche Person sich von Problemen fernzuhalten. Zukünftige Verantwortung weist sie von sich. Dies versucht sie, indem sie in Meetings vom Thema ablenkt, sich indirekt beschwert und von Veränderungen abrät. Sie vermittelt gerne den Eindruck, dass sie zu beschäftigt ist. Dies führt zu einem positiven Teamklima ohne klare Ziele, Ehrlichkeit und Respekt, so dass Teammitglieder keine Sinnhaftigkeit empfinden.

Aufgrund fehlender Fähigkeiten und fehlenden Wissens, bei einem Wechsel in den Teamstrukturen, durch Burnout sowie durch einen stark kontrollierenden oder herrischen Vorgesetzten beziehungsweise eine entsprechende Unternehmenskultur kann ein ansonsten engagierter Mitarbeiter zu einer 1,1 Person werden.

Die positive Motivation in einem solchen Fall zeichnet sich durch den Wunsch aus, zu überleben und unbeteiligt zu bleiben. Negative Motivationen sind Ängste vor Verstrickungen und fordernden Erwartungen.

Diese Motivationen führen zu einem Verhaltensstil, bei dem Kritik aus dem Wege gegangen wird. Initiative wird nicht gezeigt, Informationen werden indirekt über Dritte gewonnen. Standpunkte werden nur vertreten, wenn es zu ausdrücklicher Aufforderung kommt. Entscheidungen werden nicht getroffen. Konflikte werden vermieden. Bei Misserfolgen wird die Verantwortung nicht persönlich übernommen. Die nachfolgende Tabelle verdeutlicht den Interaktionsstil im Detail:

Tabelle 6.9   Der 1,1 Stil
(Quelle: Besser führen mit Grid (2007), S. 62ff.)

Kritik üben (1,1-Stil)	Gehen Sie Feedback aus dem Weg, und beurteilen Sie nur ungern Ihre eigene Arbeit oder die von anderen? **Folgen:** Keine Zielvereinbarungen; Oberflächlichkeit; Frustration auf Mitarbeiterseite; Unklarheit bzgl. der Erwartungen.
Initiative ergreifen (1,1-Stil)	Zeigen Sie nur minimale Initiative, die Sie dann vorsichtig vorbringen, so dass die Initiative den Erwartungen anderer entspricht? Reagieren Sie viel eher auf Forderungen?

	Gehen Sie Initiativen aus dem Weg, wenn sich ein Konflikt abzeichnet? **Folgen:** Kein freiwilliges Engagement; Mitarbeiter werden alleine gelassen – sie wissen nicht, was von ihnen erwartet wird; geringe Produktivität; Verantwortung wird auf andere abgeschoben; Mitarbeiter können sich nicht entwickeln.
Informationen gewinnen (1,1-Stil)	Gewinnen Sie Informationen nur indirekt über Dritte, anstatt jemanden direkt anzusprechen? Stellen oder beantworten Sie keine direkten Fragen zu strittigen Themen, weil Sie nicht noch mehr Verantwortung oder Ärger haben wollen? Geben Sie Ihr Einverständnis, selbst wenn Sie anderer Meinung sind? **Folgen:** Der Mitarbeiter ist selten ausreichend informiert; keine Interpretation oder Bewertung von Informationen; Desinteresse gegenüber Themen, die außerhalb der eigenen Verantwortung liegen; Zuhören endet bei neuen Ideen, Bedürfnissen oder Wünschen von Mitarbeitern.

Standpunkte vertreten (1,1-Stil)	Äußern Sie sich nur auf ausdrückliche Anfrage und wenn Sie sicher sind, dass Ihr Standpunkt unterstützt wird? Ändern Sie schnell Ihre Meinung, wenn Ihr Standpunkt angefochten wird? Halten Sie sich zurück und warten lieber so lange wie möglich, bevor Sie Ihre Zustimmung geben? **Folgen:** Geringe Produktivität; sehr geringes Engagement; meist werden nur negative Standpunkte vertreten.
Entscheidungen treffen (1,1-Stil)	Möchten Sie lieber, dass andere die Verantwortung für eine Entscheidung übernehmen? Schließen Sie sich den von anderen getroffenen Entscheidungen an? Sträuben Sie sich, bei kontroversen Entscheidungen mitzuwirken? **Folgen:** Qualitativ schlechte Entscheidungen; Entscheidungen werden verzögert; Teamarbeit wird verhindert.
Konflikte lösen (1,1-Stil)	Gehen Sie Konflikten aus dem Weg? Gehen Sie strittige Themen nicht alleine an? Beantworten Sie Anfragen per Aktennotiz oder E-Mail, auch wenn ein direktes Gespräch besser wäre, um Konflikten auszuweichen?

	Ziehen Sie sich bei einem anhaltenden Konflikt so rasch wie möglich zurück? **Folgen:** Es wird vom Konflikt abgelenkt; Lösungen werden nicht gefunden; Distanzierung; Verärgerung der Mitarbeiter; schlechte Arbeitsmoral; geringes Engagement; geringe Produktivität.
Resilienz / Widerstandsfähigkeit / Mit Misserfolgen umgehen **(1,1-Stil)**	Sind Sie zufrieden, wenn man sich auf Sie verlassen kann und wenn Sie erledigen, was man von Ihnen erwartet? Gehen Sie Risiken aus dem Weg, weil Sie für etwaige Probleme nicht alleine verantwortlich gemacht werden wollen? Wehren Sie Kritik ab, und ziehen Sie sich zurück, wenn Sie für Misserfolge verantwortlich gemacht werden? **Folgen:** Nur oberflächliche Beziehungen; keine gegenseitige Unterstützung; geringes Engagement.

Zusammenfassend lässt sich ein Mitarbeiter und Manager mit diesem Stil als misstrauisch, leidenschaftslos, vorsichtig, neutral, zurückhaltend, zurückgezogen, unsicher, ausweichend, reserviert, distanziert, isoliert, hinreichend, unengagiert, zufrieden, entspannt, resigniert, genügsam, privat, bequem und passiv charakterisieren.

Typische Aussagen
„Das hat mir niemand gesagt."

„Ich folge nur den Anweisungen."

„Stören Sie mich nicht, ich bin beschäftigt."

„Ich komme mit der Antwort wieder auf Sie zu."

„Das haben die entschieden."

„Da sind mir die Hände gebunden."

„Das ist Ihre Sache. Ziehen Sie mich da nicht hinein."

„Ich wusste, dass das geschehen wird."

Der patriarchalische (PAT) Stil (vorschreiben und anleiten)

Der PAT-Stil zeichnet sich durch eine Kombination zweier Grid-Stile aus. Ein Mitarbeiter mit diesem Verhalten zeigt selbst Initiative und belohnt Unterstützung (1,9-Stil), während Anfechtungen bestraft (9,1-Stil) werden. Das Verhältnis zu seinen Mitarbeitern ist wie das von Eltern zu ihren unmündigen Kindern.

Tabelle 6.10   Der patriarchalische (PAT) Stil
(Quelle: Besser führen mit Grid (2007), S. 71f.)

Kurzbeschreibung	Verstehen Sie unter Führung, Initiative für sich und andere festzulegen und anzuordnen? Bedanken Sie sich für die Unterstützung und belohnen Sie diese, während Sie Anfechtungen unterbinden?

Wirkung	Durch Begünstigung wird Kreativität gehemmt. Unfairer Wettbewerb ist die Folge. Ein solcher Mensch ist sehr nachtragend. Es besteht die Gefahr, dass sich Mitarbeiter komplett desengagieren und apathisch werden. Es herrscht im Team eine hohe Angst vor Konflikten. Kritik wird tendenziös und parteiisch geübt.

Ein solcher Mensch kann vor allem durch die Neigung zum Befehlen charakterisiert werden. Subjektiv werden die beiden Grid-Grundorientierungen dabei als Zielkonflikt empfunden. In Bezug auf andere versucht dieser Typus zu dominieren. Dies führt zu einem gespaltenen Teamklima, bei dem um Belohnung gebuhlt und Bestrafung als Folge von Eigeninitiative vermieden wird, so dass Teammitglieder keine Sinnhaftigkeit empfinden können.

Die positive Motivation eines Menschen mit PAT-Stil zeichnet sich durch den Wunsch nach Verehrung und Bewunderung aus. Negative Motivationen sind Ängste vor Ablehnung und Verrat.

Diese Beweggründe führen zu einem Verhaltensstil, bei dem Kritik im Sinne von Ratschlägen und Anweisungen erteilt wird. Initiative wird nachdrücklich und entschieden gezeigt, in der Erwartung von Unterstützung und Dankbarkeit. Informationen werden direkt gewonnen und dienen dazu, die eigene Position zu stärken. Standpunkte werden mit Selbstvertrauen, Leidenschaft und Autorität vertreten. Entscheidungen werden isoliert getroffen. Konflikte werden angenommen, allerdings als Ausdruck von Schwäche gesehen. Bei Misserfolgen wird die Verantwortung abgewälzt und die Teammitglieder werden bestraft. Die nachfolgende Tabelle verdeutlicht den Interaktionsstil im Detail:

Tabelle 6.11   Der patriarchalische (PAT) Stil
(Quelle: Besser führen mit Grid (2007), S. 73ff.)

Kritik üben (PAT-Stil)	Geben Sie Feedback, und erwarten Sie, dass andere dafür dankbar sind? Sind Sie großzügig im Erteilen gut gemeinter Ratschläge und Anweisungen, schränken aber Feedback anderer zu Ihrer Leistung ein? **Folgen:** Es wird nur das vom Patriarchen gewünschte Verhalten gezeigt; Kreativität und Engagement werden unterdrückt.
Initiative ergreifen (PAT-Stil)	Zeigen Sie nachdrücklich und entschieden Initiative, weil Sie wissen, was das Beste für jeden ist? Erwarten Sie, dass andere Sie unterstützen und zeigen Sie Dankbarkeit dafür? Wehren Sie Versuche ab, Ihre Initiative zu schwächen oder zu beschneiden? **Folgen:** Mitarbeiter werden zu Ja-Sagern; Mitarbeiter verlieren ihre Initiative und Sachverstand; Delegation nur an Mitarbeiter, die ihre Loyalität bewiesen haben.
Informationen gewinnen (PAT-Stil)	Holen Sie nur die Informationen ein, die Ihre Position stärken? Verteilen Sie für solche Informationen Lob und bieten Unterstützung an? Gehen Sie Informationen

	aus dem Weg, die Ihre Position schwächen könnten? Versuchen Sie Menschen, die anderer Meinung sind, dazu zu bewegen, Ihre Ansichten zu unterstützen? **Folgen:** Keine unabhängigen und kreativen Informationen; es werden vom Team nur bestätigende Informationen gegeben; es kommt zu Entscheidungsfehlern; Pseudo-Zuhören.
Standpunkte vertreten (PAT-Stil)	Vertreten Sie Ihre Ansichten mit Selbstvertrauen, Leidenschaft sowie vor allem Autorität, und versuchen Sie andere zu überzeugen? Verteidigen Sie sich mit Nachdruck und betonen Sie die Bedeutung von Loyalität, wenn Ihre Ansichten angefochten werden? **Folgen:** Geringes Engagement; Kreativität wird nicht zugelassen.
Entscheidungen treffen (PAT-Stil)	Treffen Sie Entscheidungen auf der Grundlage dessen, was Sie für das Beste halten? Loben, anerkennen und fördern Sie diejenigen, die Sie unterstützen? Haben Sie Angst vor umstrittenen Entscheidungen, und ermutigen Sie andere dazu, Ihnen die Verantwortung zu überlassen?

	Folgen: Einseitige und absolute Entscheidungen; Innovation und Kreativität bleiben auf der Strecke.
Konflikte lösen (PAT-Stil)	Übernehmen Sie die Verantwortung für die Beilegung von Meinungsverschiedenheiten? Sind Konflikte in Ihren Augen Ausdruck von Schwäche? Versuchen Sie, sich durch das Gewähren von Vorteilen oder das Entziehen von Gunst Unterstützung zu sichern? Verteidigen Sie sich mit aller Macht, wenn Sie selbst angegriffen werden? **Folgen:** Konflikte werden vermieden; Konflikte treten unterschwellig auf; Lösungen werden nicht gefunden.
Resilienz/ Widerstandsfähigkeit/ Mit Misserfolgen umgehen (PAT-Stil)	Streben Sie nach Erfolg, und werben Sie für Unterstützung? Organisieren Sie bei Erfolgen Feiern, um die weitere Unterstützung zu gewährleisten? Zeigen Sie Enttäuschung bei Fehlschlägen und ziehen sich dann zurück? Stützen Sie sich auf nahestehende Menschen, wenn Sie wegen eines Misserfolges angegriffen werden? **Folgen:** Misserfolge machen den Patriarchen verwundbar; ihm fehlt Bescheidenheit.

Zusammenfassend lässt sich ein Mitarbeiter und Manager mit diesem Stil als bewertend, voreingenommen, selbstgerecht, moralisierend, Schuld einflößend, besserwisserisch, missbilligend, ermahnend, detailversessen, herablassend, gönnerhaft, sachverständig, stolz, überzeugt, beratend, kontrollierend, gründlich, eifrig, beschützend, begeistert, fürsorglich und hartnäckig charakterisieren.

Typische Aussagen

„Lassen Sie mich Ihnen mal zeigen, wie man das am besten macht."

„Sprechen Sie mich an, bevor Sie irgendwas starten."

„Vielleicht hören Sie das nächste Mal auf mich, damit Sie den gleichen Fehler nicht noch einmal machen."

„Ich habe einen sehr guten Plan für dieses Projekt. Sie werden begeistert sein."

„Wenn ich Sie wäre ..."

„Lassen Sie mich Ihnen erklären, was hier zu tun ist."

Der opportunistische (OPP) Stil (ausnutzen und manipulieren)

Der OPP-Stil zeichnet sich durch situativ variable Ergebnis- und Menschenorientierung aus. Ein solches Verhalten ist manipulativ und nur an den Resultaten interessiert, die der Person den größtmöglichen Nutzen bringen.

Dieser Stil ist aufgrund seiner Wechselhaftigkeit anfänglich nur schwer zu identifizieren. Ein solcher Mensch nutzt den 1,9-Stil, um unschuldig zu wirken und einen Mentor zu gewinnen. Die Geradlinigkeit des 9,1-Stils wird dazu verwendet, tiefer stehende Mitarbeiter fügsam zu machen. Dieser Typ verhält sich situativ wie ein Patriarch, um andere zu ermutigen, ihm zu folgen. Mit der Neutralität des 1,1-Stils zieht er sich zurück, wenn er Situationen nicht zum eigenen Vorteil nutzen kann.

Tabelle 6.12	Der opportunistische (OPP) Stil (Quelle: Besser führen mit Grid (2007), S. 84f.)
Kurzbeschreibung	Überreden Sie andere, die Resultate zu unterstützen, die Ihnen den größten persönlichen Vorteil bringen? Ist Ihnen jedes Mittel recht, um sich selbst einen Vorteil zu sichern?
Wirkung	Kreativität wird ausgenutzt. Konflikte werden zwecks privater Vorteilnahme manipuliert. Solche Menschen reden mit „gespaltener Zunge". Sie sind misstrauisch, geheimniskrämerisch und üben falsche Kritik.

Menschen mit diesem Verhalten zeichnet eine hohe Intelligenz aus. Sie versuchen, die Kreativität anderer für sich zu nutzen und Konflikte durch vorgespieltes, falsches und situativ wechselndes Verhalten zu manipulieren. Dies führt zu einem negativen Teamklima, so dass Teammitglieder wenig Sinnhaftigkeit empfinden.

Die positive Motivation eines Menschen mit OPP-Stil zeichnet sich durch den Wunsch nach Vorteilnahme und Gewinn aus. Negative Motivationen sind Ängste vor Bloßstellung und Spott.

Diese Motivationen führen zu einem Verhaltensstil, bei dem Kritik nur geduldet wird, wenn daran die Unterstützung für die persönlichen Ziele gemessen werden kann. Initiative wird nur gezeigt, wenn ein persönlicher Vorteil daraus erwächst. Informationen werden kalkuliert gewonnen, um zu manipulieren. Standpunkte werden nur vertreten, wenn dies den persönlichen Zielen nutzt. Entscheidungen werden selten getroffen und nur, wenn sie den eigenen Zielen förderlich sind. Konflikte werden manipuliert, wenn persönliche Ambitionen bestehen, bei Misserfolgen wird die Verantwortung abgeschoben. Die nachfolgende Tabelle verdeutlicht den Interaktionsstil im Detail:

Tabelle 6.13	Der opportunistische (OPP) Stil (Quelle: Besser führen mit Grid (2007), S. 86ff.)
Kritik üben (OPP-Stil)	Dulden Sie Kritik insofern, als dass Sie daran die Unterstützung für Ihre Ziele messen können? Ermutigen Sie andere dazu, Ihnen zu vertrauen? Vermeiden Sie es aber in der Regel, Ihre Einschätzung zu offenbaren, um sich alle Optionen offen zu lassen? **Folgen:** Es werden nur persönliche, nicht aber die Unternehmensziele verfolgt; strenge Überwachung der Mitarbeiter; rein subjektive Kritik; die Kritik ist nicht konstruktiv.
Initiative ergreifen (OPP-Stil)	Ergreifen Sie entschlossen Initiative, wenn Sie sich davon persönlichen Nutzen versprechen? Ist es Ihnen egal, welche Auswirkungen Ihre Initiative auf andere hat? Ist Ihnen jedes Mittel (zum Beispiel Einschüchtern, Überreden, Handeln, Ermutigen, Schmeicheln) recht, um sich die notwendige Unterstützung zu sichern? Beziehen Sie keine Stellung, wenn das Ergebnis für Sie bedeutungslos ist? Suchen Sie im

	Konfliktfall nach Möglichkeiten, Ihre Wege weiterzugehen? **Folgen:** Initiative wird nur aus egoistischen Motiven ergriffen; Unternehmensziele werden nicht verfolgt; Delegation findet nur statt, wenn sie dem Opportunisten hilft; Mitarbeiterentwicklung ist ihm egal, es sei denn, dass sie ihm nützt.
Informationen gewinnen (OPP-Stil)	Gehen Sie bei der Informationsgewinnung kalkuliert vor: Stellen Sie Fragen, um Vertrauen aufzubauen? Schneiden Sie die Informationsgewinnung und Ihr Verhalten auf Ihre persönlichen Ziele zu? **Folgen:** Informationsgewinnung geschieht nur zum eigenen Vorteil; Informationen werden gewonnen, um andere zu manipulieren.
Standpunkte vertreten (OPP-Stil)	Vertreten Sie Ihren Standpunkt auf überzeugende Weise, wenn das Ergebnis Ihren persönlichen Zielen nutzt? Unterstützen Sie eine Sache, an der Sie geringes Interesse haben nur, wenn sich daraus in der Zukunft persönliche Vorteile ergeben könnten?

	Folgen: Manipulation; geringe Produktivität; keine Verfolgung von Unternehmenszielen.
Entscheidungen treffen (OPP-Stil)	Werben Sie unauffällig für Entscheidungen, die Ihnen persönlich nützen, egal ob es den Resultaten dient oder nicht? Reden Sie anderen zu, Ihnen zu vertrauen? Hören Sie mit Sympathie zu, um herauszufinden, wie Sie sich zu verhalten haben, um Unterstützung zu bekommen? Gehen Sie kontroversen Entscheidungen aus dem Weg, es sei denn, dass persönliche Vorteile den Konflikt rechtfertigen? **Folgen:** Geringe Produktivität; egoistisches Verhalten; negative Ergebnisauswirkungen.
Konflikte lösen (OPP-Stil)	Manipulieren Sie Konflikte, wenn es Ihnen persönlich nutzt und sich dies ohne das Aufdecken Ihrer Absichten anstellen lässt? (Die dazu notwendigen Taktiken reichen von indirektem Schüren eines Streits über echte Konfliktlösung oder Parteinahme bis hin zum Trösten.) Ist Ihr Interesse an der Lösung eines Konfliktes gering, wenn für Sie persönlich nichts auf dem Spiel steht?

	Folgen: Es kommt zu einer Pseudo-Lösung; Konflikte werden manipuliert; geringe Produktivität ist die Folge.
Resilienz/ Widerstandsfähigkeit/ Mit Misserfolgen umgehen (OPP-Stil)	Konzentrieren Sie Ihre Energien auf Ihre persönlichen Ziele? Sind Sie dabei zu einer Gratwanderung zwischen der Erfüllung Ihrer eigenen Bedürfnisse und dem Erwerb und Erhalt des Vertrauens anderer bereit? Gehören für Sie Misserfolge zum Spiel? Gehen Sie normalerweise danach in Deckung, schieben die Verantwortung ab oder machen weiter, statt sich dem, was negativ auf Sie persönlich zurückfällt, zu stellen? **Folgen:** Keine Verantwortungsübernahme; keine Lerneffekte.

In der Summe lässt sich ein solcher Mitarbeiter und Manager als berechnend, selbstsüchtig, täuschend, unpersönlich, nachtragend, hinterhältig, unethisch, zugeknöpft, gefühllos, manipulierend, kalt, konkurrenzdenkend, überzeugend, ansprechend, einfallsreich, verführerisch, begeistert, spontan, überzeugt, gerissen und selbstgefällig charakterisieren.

Typische Aussagen
„Was ist für mich drin?"

„Es ist wirklich schade, dass wir auf Herrn Scheider nicht zählen können, aber vielleicht kann ich Ihnen da irgendwie weiterhelfen."

„Ich brauche da unbedingt Ihre Unterstützung – erinnern Sie sich noch, wie ich letzte Woche für Sie in den Ring gestiegen bin?"

„Bekommen Sie das ja auf die Reihe, sonst kann ich für nichts garantieren."

Der 9,9 Stil (sich einbringen und engagieren)

Der 9,9-Stil vereinigt eine hohe Ergebnis- und Menschenorientierung. Dieser Verhaltenstyp ist teamorientiert und ermuntert die Teammitglieder, sich einzubringen und zu engagieren. Im Team diskutiert er alle Fakten und Alternativen, um sich auf die beste Lösung zu verständigen.

Tabelle 6.14   Der 9,9 Stil
(Quelle: Besser führen mit Grid (2007), S. 96ff.)

Kurzbeschreibung	Initiieren Sie Teamarbeit so, dass die Teammitglieder dazu ermuntert werden, sich einzubringen und zu engagieren? Untersuchen Sie im Team alle Fakten und Alternativen, damit sich alle gemeinsam auf die beste Lösung verständigen können?
Wirkung	Innovative Kreativität ist die Folge. Alle bringen eine absolute Einsatzbereitschaft. Es herrscht ein Klima von Vertrauen und Respekt. Konflikte werden vollständig geklärt. Kritik wird offen und ehrlich geübt. Die Effizienz ist sehr hoch.

Diese Person ist durch hohe Empathie und Intelligenz geprägt. Ihre hohe Ergebnisorientierung fördert in Kombination mit hoher Menschenorientierung eine hohe Produktivität. Subjektiv werden die beiden Grid-Grundorientierungen, also die Sach- und Menschenorientierung, als Ergänzung empfunden. Im Umgang mit anderen wird versucht, anhand von Fakten das Richtige zu tun. Dies führt zu einem positiven Teamklima, geprägt durch Ehrlichkeit und Respekt, so dass die Mitglieder Sinnhaftigkeit empfinden können. Es wird gefragt: Was ist richtig? Und nicht: Wer hat recht?

Die positive Motivation beim 9,9-Stil zeichnet sich durch den Wunsch nach Beitrag und Engagement aus. Ein solcher Mensch ist häufig im Flow, da er sich Aufgaben sucht, bei denen er spezielle Kenntnisse einbringen kann und die ihn herausfordern. Negative Motivationen sind Ängste vor Egoismus und ungenutzten Chancen.

Dies führt zu einem Verhaltensstil, bei dem zu gründlicher Kritik ermutigt wird. Initiative wird gezeigt, und andere Gruppenmitglieder werden aufgefordert, sich zu engagieren und Spitzenleistungen hervorzubringen. Informationen werden aktiv gesucht und überprüft. Standpunkte werden mit Nachdruck vertreten, andere aufgefordert, das Gleiche zu tun. Entscheidungen werden so getroffen, dass sie den gemeinsam vereinbarten Zielen des Teams optimal dienen. Bei Konflikten werden Meinungsverschiedenheiten untersucht, konstruktiv besprochen und einer Lösung zugeführt. Erfolge und Misserfolge gelten als wertvolle Lernerfahrungen. Die nachfolgende Tabelle verdeutlicht dieses Verhalten im Detail:

Tabelle 6.15	Der 9,9 Stil (Quelle: Besser führen mit Grid (2007), S. 98ff.)
Kritik üben (9,9-Stil)	Ermutigen Sie zu gründlicher Kritik, die alle Alternativen und Sorgen beleuchtet? Üben Sie Kritik objektiv, vor allem in emotionalen oder schwierigen Situationen? Laden Sie zu Kritik ein und untersuchen

	die verschiedenen Aussagen, um stetigen Fortschritt und laufende Weiterentwicklung sicherzustellen? **Folgen:** Offenheit; Synergien durch Kritik im Vorfeld sowie periodische, begleitende und abschließende Kritik; Erfolge werden verstärkt; aus Fehlern wird gelernt; Flowerfahrungen; aktive Förderung von Weiterentwicklung; Verhalten und nicht Personen werden kritisiert.
Initiative ergreifen (9,9-Stil)	Gehen Sie mit Initiative voran, und laden Sie andere ein, sich anzuschließen und zu engagieren? Suchen Sie aktiv die notwendigen Ressourcen, um Spitzenleistungen zu erzielen? Begrüßen Sie Verbesserungsvorschläge? Sprechen Sie Konflikte an, um sie zu lösen, damit die laufende Initiative nicht darunter leidet? **Folgen:** Produktiver Einsatz; Engagement auch bei anderen; produktive Delegation nach Mitarbeiterentwicklung.
Informationen gewinnen (9,9-Stil)	Suchen Sie aktiv nach Informationen und überprüfen Sie diese? Fördern Sie neue Ideen und andere Meinungen, und hören

	Sie gut zu? Überprüfen Sie Ihre eigene Ansicht ständig, indem Sie diese mit anderen Ideen und Gedanken vergleichen? **Folgen:** Offenheit; Empathie; direkte, präzise, fokussierte Informationsbeschaffung; offene, unbefangene Fragen.
Standpunkte vertreten (9,9-Stil)	Vertreten Sie Standpunkte mit Nachdruck und ermutigen andere dazu, das Gleiche zu tun? Sind Sie bei Meinungsverschiedenheiten bereit, Ihre Meinungen zu ändern, wenn eine andere Lösung besser ist? **Folgen:** Win-Win-Situation; es wird das Richtige getan; Diskurs ist möglich.
Entscheidungen treffen (9,9-Stil)	Legen Sie großen Wert auf vernünftige Entscheidungen, die den gemeinsam vereinbarten Zielen des Teams optimal dienen? Prüfen und vergleichen Sie verschiedene Meinungen anhand von strengen Maßstäben, und arbeiten Sie auf Verständnis und Übereinstimmung hin? Gehen Sie schwierigen Entscheidungen nicht aus dem Weg? Entscheiden Sie alleine, wenn nur wenig Zeit zur Verfügung steht, nur Sie das Wissen und die Kompetenz haben, Sie nicht

	das Engagement und die Beteiligung des Teams brauchen und die Entscheidung keine Auswirkungen auf andere hat?
	Entscheiden Sie gemeinsam, wenn viel Zeit zur Verfügung steht, alle das Wissen und Fähigkeiten haben, die Beteiligung des Teams nötig ist und die Entscheidung alle beeinflusst?
	Folgen: Transparente Entscheidungen; Sinnempfinden bei allen Teammitgliedern; Einbeziehung aller Teammitglieder; Verständnis und Konsens.
Konflikte lösen (9,9-Stil)	Betreiben Sie bei Meinungsverschiedenheiten und Konflikten Ursachenforschung? Ermuntern Sie Teammitglieder dazu, die Differenzen konstruktiv zu besprechen, um echte Lösungen zu finden?
	Folgen: Zukünftige Konflikte werden vorhergesehen; Offenheit im Umgang mit Ängsten und Konflikten; Konflikte dienen als Hilfsmittel zur Erreichung von Synergien; Kreativität; Engagement; Kriterien und Standards dienen dazu, Lösungen zu bewerten.

Resilienz/ Widerstandsfä-higkeit/ Mit Misserfolgen umgehen (9,9-Stil)	Sind für Sie sowohl Erfolge als auch Misserfolge wertvolle Lernerfahrungen? Verhindern Sie, dass Erfolg zu Selbstgefälligkeit führt, und überprüfen Sie immer wieder Ihre Maßstäbe? Setzen Sie sich mit Misserfolgen auseinander, um zu lernen und daraus neue Kraft zu schöpfen? **Folgen:** Auch bei Misserfolgen Unterstützung durchs Team; Engagement.

Zusammenfassend lässt sich ein Mitarbeiter und Manager mit diesem Stil als selbstbeobachtend, ehrlich, menschlich, standhaft, bescheiden, konfrontierend, bestimmt, aufgeschlossen, entschlossen, freimütig, selbstsicher, entschlussfreudig, gründlich, engagiert, objektiv, kreativ, innovativ, realistisch, vorausdenkend und voraushandelnd, umgänglich und hilfsbereit charakterisieren.

Typische Aussagen
„Können wir darüber sprechen, was gerade geschehen ist? Ich bin nicht sicher, ob ich verstanden habe, warum Sie das getan haben."

„Ich möchte Ihnen gerne die Teilergebnisse meiner Nachforschungen zeigen, um dann mit Ihnen darüber zu diskutieren, wie wir am besten fortfahren."

Ziel einer individuellen Analyse ist es, das Führungsverhalten anhand der aufgezeigten Kriterien zu analysieren, um es dann durch Einsicht in Richtung des 9,9-Stils zu modifizieren, so dass eine Teamentwicklung möglich wird.

Teamentwicklung - Grid auf Teamebene

In diesem Abschnitt soll die folgende Frage beantwortet werden: Wie wirken sich persönliche Einstellungen, Werte und Überzeugungen auf das Verhalten und die entsprechenden Arbeitsergebnisse aus? Während bei Mitarbeitern und Managern Einstellungen, Wertvorstellungen und Überzeugungen zu Verhalten, Entscheidungen und Resultaten führen, sind es bei Gruppen Normen und Standards, bei Unternehmen die Unternehmenskultur, die dadurch geprägt werden.

Verhaltensnormen entstehen nach den Gesetzmäßigkeiten menschlichen Verhaltens: Konvergenz ist das Entstehen einer gemeinsamen Gruppennorm aus individuellen Ansichten oder Verhaltensmustern. Kohäsion bezeichnet das Phänomen, dass sich Menschen je nach ihren gemeinsamen Interessen und Werten zu Gruppen zusammenschließen. Konformität bewirkt, dass die Gruppenmitglieder bestimmte Gruppennormen einhalten.

Die Normen einer Gruppe bestehen aus Tradition, Präzedenzfällen, Bräuchen, Riten, Regeln, Ritualen, Vorschriften, Politik, Instruktionen, Gewohnheiten, Tabus und bisheriger Praxis. Unvernünftige Gruppennormen stellen ein großes Hindernis für den Wandel, die Produktivität und das Glücksempfinden der Menschen dar. Gruppenführer spielen bei der Herausbildung von Normen, gleichsam als Meinungsführer, eine zentrale Rolle. Folglich wirkt der Führungsstil auf das Konvergenzverhalten der Gruppe ein. Doch wie wirken sich die sieben Führungsstile auf Gruppen konkret aus?

- ■ 9,1-Stil: Hier werden die Gruppenmitglieder dazu gezwungen, sich in Richtung sehr anspruchsvoller Normen zu entwickeln, um kurzfristige Resultate zu erzielen. Meist spielt es dabei keine Rolle, ob Konflikte oder Probleme gelöst werden beziehungsweise neue geschaffen werden.

- ■ 1,9-Stil: Die Gruppenmitglieder tendieren zu allgemein anerkannten, sicheren und angenehmen Normen, unabhängig davon, wie erfolgversprechend sie sind.

- ■ 5,5-Stil: Die Gruppe neigt zu Normen, die akzeptable Resultate mit einer akzeptablen Menschenorientierung verbinden. Bisherige Praxis und Kompromisse gelten als gute Basis für Entscheidungen.

■ 1,1-Stil: Gemeinsame Normen gibt es in diesen Gruppen eher zufällig. Die Mitglieder akzeptieren nahezu jede Norm.

■ PAT-Stil: Die Gruppenmitglieder werden belohnt, wenn sie sich den Normen des Patriarchen fügen. Sie entsprechen diesen Erwartungen aus Loyalität und aus Angst, sein Wohlwollen zu verlieren.

■ OPP-Stil: Die Gruppenmitglieder befolgen Normen, wenn sie persönliche Vorteile daraus ziehen können, unabhängig davon, ob die Normen für die anvisierten Resultate sinnvoll und förderlich sind.

■ 9,9-Stil: Die Gruppenmitglieder stellen alle Normen permanent in Frage und messen sie an den von allen akzeptierten Standards für Spitzenleistungen.

In Kapitel II haben wir bereits beschrieben, dass Teams aufgrund optimaler Talentergänzungen zusammengesetzt werden sollten. Auch unter Mitarbeiterbeteiligungsaspekten ist dies sinnvoll.

Entscheidungsfindungen und Konfliktlösung basieren meistens auf Traditionen, Erfahrungen und Annahmen. Deshalb sind sie meist starr, festgefahren und häufig unvernünftig und unproduktiv. Aus diesem Grund stellt die Teamentwicklung die zweite Phase des Grid-Konzeptes dar. Es können sechs grundlegende Aspekte einer Teamentwicklung identifiziert werden:

1. Macht und Autorität der Führung,

2. im Team akzeptierte Normen,

3. Gesamt- und Einzelziele des Teams,

4. Zusammenhalt und Moral innerhalb des Teams,

5. Differenzierung und Strukturierung der Aktivitäten der Teammitglieder und

6. Feedback und kritische Beurteilung der einzelnen Mitglieder und des Teams als Ganzes.

Wird das Team anhand dieser sechs Aspekte analysiert, so können klare Verhaltensempfehlungen in Richtung des 9,9-Stils gegeben werden. Denn nur eine gleichermaßen hohe Sach- und Menschenorientierung gewährleistet eine nachhaltig effektive Zusammenarbeit im Team.

All diese Prozesse basieren auf dem Gedanken, dass Team- und Unternehmensentwicklung Führung benötigt, die tolerant und nicht autoritär ist. Infolgedessen ist es nicht das primäre Führungsziel, die richtigen Entscheidungen zu treffen, sondern dafür zu sorgen, dass richtige Entscheidungen – beispielsweise im Team – getroffen werden. Für eine solche Umorientierung muss die Führungskraft die am Arbeitsplatz herrschenden Ängste ansprechen, eine Basis für den Wandel schaffen und mit gutem Beispiel voran gehen. Das folgende Zitat verdeutlicht die Zusammenhänge:

„Wir haben gesehen, dass Ängste zunächst verstanden, akzeptiert und anerkannt werden müssen, bevor sie in die Entwicklungsarbeit einbezogen werden können. Doch das alles reicht nicht aus. Erfolgreiche Führungskräfte reservieren zu Beginn eines Entwicklungsprozesses genügend Zeit, um den Teilnehmern und Teilnehmerinnen die Gelegenheit zu geben, den Führungskräften ihre Zweifel, Frustrationen und Ängste zu nennen. Diese werden ernst genommen und der bevorstehende Prozess wird durchgesprochen. In der Regel stellt sich im Verlauf der Diskussion die Bereitschaft ein, bei der Unternehmensentwicklung mitzumachen. Das ist unbedingt notwendig, wenn sie erfolgreich sein soll." (McKee / Carlson (2008), S. 246 f.).

Basis für den Wandel ist zunächst das Finden eines gemeinsamen Modells, inklusive gleicher Sprache und Fähigkeiten. Grid ist ein solches Modell. Wenn sich die Gruppe auf den 9,9-Stil durch Einsicht einigt, kann dies als Basis dienen. Bereits das Diskutieren und Vergleichen des Grid-Modells lässt Ängste und Widerstände schrumpfen. Darüber hinaus erlaubt es Grid den Teammitgliedern, eigene Standards für Spitzenleistungen im Bereich Beziehungen festzulegen. In einem zweiten Schritt werden dann Beziehungen aufgebaut und neue Teamnormen geschaffen. So engagieren sich die Teammitglieder schon aufgrund dessen, dass sie etwas gemeinsam geschaffen haben.

Zusammengefasst funktionieren Gruppen insbesondere dann, wenn alle Gruppenmitglieder einen Führungs- und Umgangsstil fördern, der dem 9,9-Stil entspricht, denn nur so lassen sich die beiden Ziele der Menschen- und Sachorientierung miteinander vereinen. Damit stellt sich die Frage, wie auf organisationaler Ebene Spitzenleistungen erreicht werden können, was im nächsten Abschnitt angesprochen werden soll.

Gruppendynamik und Führen im Wandel

Das Grid-Modell sieht für den Wandel eine vierstufige Entwicklung vor, die auf einer Kultur von Vertrauen, Respekt und Offenheit beruht. Der erste Schritt ist die persönliche Entwicklung, der zweite die Entwicklung des Teams, der dritte die Entwicklung intakter Beziehungen zwischen den einzelnen Unternehmenseinheiten inklusive einer Kulturanalyse und der vierte die Entwicklung einer unternehmensweiten Vision. Auch werden die Beziehungen zwischen betrieblichen Gruppen analysiert, sowie Merger & Akquisition Seminare zu Unternehmenszusammenschlüssen gegeben. Während die ersten drei Schritte bereits ausführlich aufgezeigt wurden, sei zu letzterem Punkt auf Kapitel V verwiesen. Dort haben wir konkret das Entwickeln einer Vision aufgezeigt. Das nachfolgende Beispiel zeigt die Anwendung von Grid in der Praxis.

Grid in der Praxis - Globus SB-Warenhäuser

Globus: Da ist die Welt noch in Ordnung. So werben die Globus SB-Warenhäuser. Aus der Sicht von Positive Leadership können wir feststellen, dass Globus in der Tat die in diesem Buch beschriebenen Prinzipien sehr erfolgreich umsetzt. Globus ist ein vorbildliches Unternehmen, weshalb wir es in dieser Fallstudie genauer vorstellen möchten.

Globus betreibt eine permanente Organisationsentwicklung mit dem Ziel, Ergebnis und Produktivität zu steigern, das heißt konkrete nachhaltige Maßnahmen auf Team- und Unternehmensebene durchzuführen.

Globus ist „ein erfolgreiches Familienunternehmen mit Tradition. Das Unternehmen Globus Handelshof St. Wendel GmbH wurde 1970 gegründet, die Ursprünge reichen jedoch bis ins frühe 19. Jahrhundert. Genau gesagt begann alles 1820, als der 19-jährige Franz Bruch nach St. Wendel kann, um sich bei den Gebrüdern Cetto um eine Anstellung in ihrem Handelshaus zu bewerben. Acht Jahre lang nahm er für sie die Geschäfte des Handelshauses wahr, bis er schließlich sein eigenes Ladengeschäft eröffnete. Was 1828 begann, führt die Familie Bruch über fünf Generationen hinweg erfolgreich fort. Rund 30.000 Mitarbeiter arbeiten aktuell in der Globus Gruppe bezogen auf alle Vertriebsschienen im In- und Ausland. 14.000 Mitarbeiter sind derzeit allein in der Vertriebsschiene SB-Warenhaus beschäftigt, inklusive der Koordination – dem Firmensitz in St. Wendel – sowie des Logistikzentrums in Bingen. Globus ist in Deutschland Tag für Tag in 40 SB-Warenhäusern, 53 Globus-Baufachmärkten, 31 Hela-Baumärkten sowie 9 APLPHA-TECC-Elektrofachmärkten für seine Kunden da. Im Geschäftsjahr 2008/2009 erzielte Globus einen Umsatz von 5,7 Mrd. Euro. In Tschechien ist Globus aktuell mit 14 Hypermärkten vertreten. Im europäischen Teil Russlands können Kunden an insgesamt 5 Standorten einkaufen." (Vgl. http://www.globus.de/de/globus/ueber-globus/gestern_und_heute.htm)

Bei Globus wird darauf geachtet, Führungskräfte talentorientiert einzusetzen. Somit bekommen diese für sie passende Aufgaben, die sie erfolgreich bewältigen. Ausgezeichnete Führungskräfte können Mitarbeiter an das Unternehmen binden. Solche engagierten Mitarbeiter wiederum binden Kunden emotional an das Unternehmen. Organisches Wachstum, eine reale Gewinnsteigerung sowie eine Steigerung des Unternehmenswertes sind die Folge.

Während im Bundesdurchschnitt 66% der Mitarbeiter Ihren Job adäquat erfüllen, 23% bereits innerlich gekündigt haben und nur 11% engagiert und motiviert sind, sind bei Globus hervorragende 35% engagiert und motiviert, 49% erfüllen ihre Aufgaben und nur ein kleiner Teil von 16% ist desengagiert und muss weiter beteiligt und motiviert werden. Diese Zahlen belegen, dass sich die langjährige Kooperation von Globus mit Grid auszahlt und vermutlich auch positive Auswirkungen auf den Unternehmensgewinn hat. Ein systematisches Messen und verbessern mit regelmäßigen Wiederholungen bewirkte bei Globus nachhaltige Verbesserungen. Die Engagementwerte von Globus können als herausragend angesehen werden. Dennoch möchte Globus diese noch weiter steigern. Organisationsentwicklung ist ein fortlaufender Prozess.

Grid wird im ganzen Unternehmen geschult. Hochrangige Führungskräfte werden bei Globus zum Grid-Trainer ausgebildet und nehmen diese Tätigkeit begeistert war.

Im Januar 2010 wurden die Führungskräfte bei Globus durch Grid Deutschland online zur gelebten Unternehmenskultur befragt. Das Ziel war die Erhebung der aktuell wahrgenommenen Unternehmenskultur.

In einem internen Schreiben der Geschäftsführung und der Personalleitung kurz vor der Befragung hieß es: „Wie steht es um das Globus-Leitbild und die Werte des Unternehmens – füllen die Mitarbeiter und Führungskräfte diese mit Leben? Um wirtschaftlich erfolgreich zu sein, bedarf es nicht nur funktionierender Systeme und herausragender Sortimente, sondern auch eines offenen und konstruktiven Miteinanders. Darüber sind sich die Mitarbeiter und die Geschäftsführung einig: Der Startschuss zum Projekt „Unternehmenskultur" ist gefallen."

Weiter heißt es: „Anfang 2006 wurden Leitbild und Werte neu überarbeitet eingeführt, die die Unternehmenskultur von Globus umfassend beschreiben. In den letzten Jahren haben wir vieles unternommen, alle Führungskräfte und Mitarbeiter auf „Ich bin Globus" einzuschwören. Wie sieht es nun aus – nach fast vier Jahren?

Wir wissen, dass wir in den letzten Jahren bereits viel erreicht haben – unsere Kunden sagen uns, dass wir uns bereits jetzt mit unseren engagierten Mitarbeitern und Führungskräften wahrnehmbar von unseren Wettbewerbern abheben. Durch unsere beiden Mitarbeiterbefragungen in 2007 und 2008 haben wir vorhandenen Handlungsbedarf erkannt, und viele Teams haben wirksame Maßnahmen ergriffen, um ihre Zusammenarbeit im Sinne unserer Werte zu verbessern. Schwerpunkte gab es in den Bereichen Kommunikation, sowie Wertschätzung und Anerkennung – viele pragmatische Maßnahmen greifen noch heute.

Dennoch gilt es, das Leben von Leitbild und Werten kontinuierlich zu fördern, um unsere Vision, in der möglichst viele Mitarbeiter selbst erkennen, was zu tun ist, Schritt für Schritt zu erreichen. Genauso, wie für ein gutes Ergebnis die Systeme fortwährend laufen und optimiert werden, müssen wir daran arbeiten und überprüfen, wie wir im Unternehmen miteinander umgehen. Unsere Einstellungen und Werte prägen die Arbeit und Zusammenarbeit im Unternehmen – das ist Unternehmenskultur!

Auch wenn wir viel erreicht haben, stellen wir auch fest, dass das Ideal der unternehmerischen Verantwortung bei vielen Mitarbeitern noch nicht der Realität entspricht. Dabei werden entweder die eigene Verantwortung oder der Grad der eigenen Freiheit nicht richtig verstanden und falsch interpretiert. Dies spiegelt sich auch in einem Spannungsverhältnis in der Zusammenarbeit zwischen Koordination, Logistik und SB-Warenhäusern wider. Viele Mitarbeiter beklagen zudem, dass das Leben von Leitbild und Werten nicht immer wichtig erscheint. Die durch die Unternehmenskultur möglichen und erwarteten Ergebnis- und Produktivitätspotenziale können so nicht ausgeschöpft werden.

Es geht darum, nachhaltige Veränderungen innerhalb unserer Entscheidungsstrukturen, unserer Arbeitsweise und unserer Art zu führen zu fördern. Das Projekt beinhaltet im ersten Schritt eine Aufnahme, wie wir unsere Unternehmenskultur aktuell wahrnehmen: Eine Befragung aller Führungskräfte und der Betriebsratsvorsitzenden, sowie deren Stellvertreter erfolgt dazu ab 12. Januar 2010. Wir wünschen uns ehrliche Antworten auf Fragen wie: Wie gehen wir bei Globus mit Macht und Autorität um? Wie werden Konflikte gelöst? Wie gehen wir mit Kritik um?

Diese Ergebnisse dienen als Grundlage für die Vereinbarung von konkreten und nachhaltigen Maßnahmen, die einen direkten Einfluss auf Produktivität und Ergebnis haben. Hierbei ist nicht nur das Projektteam gefordert. Wir werden alle Führungskräfte bei der Erarbeitung der Maßnahmen mit einbinden.

Sicherlich werden auch Themen ans Tageslicht kommen, die wir vielleicht am liebsten unter den Tisch kehren würden. Wir wollen aber gerade diese Hemmnisse an der Wurzel packen: Denn das sind Themen, die uns immer wieder ärgern und uns bei unserer Arbeit für das beste Ergebnis für Globus behindern. Die Besetzung des Projektteams und des Projektlenkungsauschusses aus der Geschäftsführung sind der Garant dafür, dass wir auch dort anpacken werden. Eine Mitarbeiterbefragung, die wir bis Ende 2010 durchführen wollen, wird die Umfrage unter den Führungskräften ergänzen und Unterschiede in der Wahrnehmung aufzeigen."

Sie haben sicherlich bemerkt, dass im Schreiben der 9,9-Stil gelebt wird. Die Führungskräftebefragung wurde bereits durchgeführt. Die Beantwortung der Fragen dauerte maximal 30 Minuten. Alle Antworten wurden streng vertraulich behandelt. Die zusammengefassten Ergebnisse wurden von Grid an Globus weitergegeben. Die Online-Befragung bestand aus acht Kategorien, die die Globus-Kultur in der Zusammenarbeit der SB-Warenhäuser, Koordination und Logistik widerspiegeln:

1. Wie gehen wir bei Globus mit Macht und Autorität um?

2. Wie werden Ziele festgelegt und erreicht?

3. Wie werden Konflikte gelöst?

4. Wie findet die Zusammenarbeit zwischen Bereichen statt?

5. Wie wird mit Kritik umgegangen?

6. Wie identifiziert man sich mit dem Unternehmen?

7. Wie werden Produktivität und Wertschöpfung gehandhabt?

8. Welche Rolle spielen Standards für hervorragende Leistung?

Wie Sie sehen, orientieren sich die Fragen an dem Grid-Modell und speziell an den Interaktionselementen. Anhand der Antworten kann festgestellt werden, wie viele Führungskräfte welchen Stil verwenden.

In den acht Kategorien wurden wiederum sieben Tendenzen bewertet, die die sieben Führungsstile des Grid-Modells widerspiegeln. Die Bewertung erfolgt durch die Vergabe von Prozentzahlen. Bei jedem Thema können zusätzlich persönliche Kommentare abgegeben werden. Weiter unten haben wir sämtliche Antwortmöglichkeiten, einzelne Kommentare und die prozentualen Auswertungen aufgeführt.

Die Führungskräfte sollten bei der Beantwortung der Fragen an Globus als Gesamtunternehmen denken und nicht nur an ihren Bereich. Insgesamt nahmen 809 Manager teil.

Es zeigte sich, dass auf einer konsolidierten Ebene bei Globus 48% den 9,9-Stil zeigen. Jeweils ca. 10% haben einen PAT-Stil, einen 9,1-Stil, einen 1,9-Stil sowie einen 5,5 Stil. Jeweils 6% zeigten einen 1,1-Stil beziehungsweise einen OPP-Stil.

Abbildung 6.2   GRID-Stile bei den Globus SB-Warenhäusern

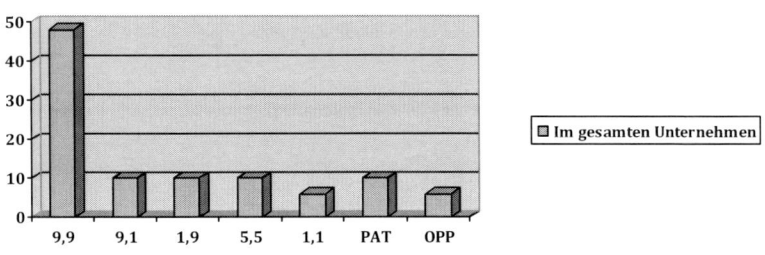

Dies ist als sehr positiv zu bewerten. Uns scheint dies auch eine Erklärung für die hohen Engagementwerte bei Globus zu sein. Denn ein berufliches Miteinander, das auf einer hohen Menschen- und einer hohen Sachorientierung beruht, ermöglicht Mitarbeiterengagement. Trotzdem ist Globus bemüht, dass zukünftig noch mehr Mitarbeiter durch Einsicht den 9,9-Stil anwenden. Grid-Schulungen werden seit vielen Jahren regelmäßig bei Globus durchgeführt. Dies ist nötig, um die Mitarbeiter immer wieder für dieses Thema zu sensibilisieren und auch neue Mitarbeiter mit dem Grid-Konzept vertraut zu machen.

Darüber hinaus nutzten viele Führungskräfte die Möglichkeit zur Abgabe persönlicher Kommentare. Die prägnantesten waren:

Wir sind insgesamt mit unserer Unternehmenskultur auf einem guten Weg.

Nur ein motivierter und informierter Mitarbeiter ist ein erfolgreicher und produktiver Mitarbeiter.

Sehr positiv finde ich, dass unser Unternehmen sich über die Unternehmenskultur Gedanken macht und die Gründe für manche Dinge hinterfragt und analysiert. Vielen Dank!

Im Folgenden möchten wir Ihnen auch noch die Einzelergebnisse zu den acht Fragen der Mitarbeiterbefragung vorstellen. Frage eins lautete: **Wie gehen wir bei Globus mit Macht und Autorität um?**

Beim 9,9-Stil ergibt sich die Ausübung von Autorität daraus, dass die Leute ein gemeinsames Verständnis darüber haben, was erreicht werden soll und bereit sind, sich dafür einzusetzen. Der PAT-Stil zeichnet sich dadurch aus, dass die Vorgesetzten in höheren Positionen wissen, was das Beste für das Unternehmen ist und von den Mitarbeitern erwarten, dass sie bereitwillig mitmachen. Beim 9,1-Stil heißt es: Autorität wird in Form von Anweisungen ausgeübt, mit einem Minimum an Erklärungen oder Begründungen; von den Mitarbeitern wird Einhaltung und Fügsamkeit erwartet. Ein 1,9-Mitarbeiter oder Manager gibt Lob und ermutigt. Druckmittel werden, so gut es geht, vermieden. Der 5,5-Stil zeichnet sich durch ein lockeres Geben und Nehmen aus und ermöglicht eine Autoritätsausübung in gut annehmbarer Form. Zum 1,1-Stil heißt es: Die Anforderungen werden ohne weitere Prüfung nach unten weitergegeben. Ein opportunistischer Mensch (OPP-Stil) wird ohne klare Prinzipien auf der Grundlage persönlicher Ziele Autorität ausüben.

Statistisch gesehen wenden 40% der Globus-Mitarbeiter und Manager den 9,9-Stil an, was als weit überdurchschnittlich einzustufen ist. Circa jeweils 10% verhalten sich entsprechend dem PAT-Stil, 9,1-Stil, 5,5-Stil und 1,1-Stils. 5% agieren opportunistisch und 15% im Sinne des 1,9-Stils. Die interessantesten persönlichen Kommentare der Globus-Mitarbeiter lauteten:

> Wir kennen alle unsere Ziele, und nur gemeinsam erreichen wir sie.
>
> Wenn man versteht, um was es geht, werden 'Nachfragen' überflüssig.
>
> Eine Entscheidung zu finden, fällt leichter.

Die Frage Nummer zwei lautete: **Wie werden Ziele festgelegt und er-reicht?** Die Antwortalternativen waren:

- 9,9-Stil: Die Mitarbeiter sind in die Festlegung, Überprüfung und Be-wertung derjenigen Ziele voll einbezogen, auf die sie durch ihren Auf-gabenbereich Einfluss nehmen können.

- PAT-Stil: Es werden ernsthafte Bemühungen unternommen, um dafür zu sorgen, dass die Leute sich für die ihnen übertragenen Ziele einsetzen.

- 9,1-Stil: Ziele werden von oben mitgeteilt, ohne dass die Betroffenen die Möglichkeit erhalten, sie zu überprüfen oder zu bewerten beziehungsweise Korrekturen, Verbesserungen oder Änderungen vorzuschlagen.

- 1,9-Stil: Ziele werden zwar besprochen, haben aber keinen wesentlichen Einfluss auf das Handeln der Mitarbeiter; das Erreichen und Aufrechterhalten von Harmonie ist wichtiger.

- 5,5-Stil: Ziele werden auf der Grundlage von Prognosen, Weiterführung von bisherigen Vorgehensweisen oder als Reaktion auf unerwartete Veränderungen festgesetzt.

- 1,1-Stil: Klare Ziele fehlen, und man handelt, indem man eine Sache nach der anderen erledigt.

- OPP-Stil: Ziele werden von Vorgesetzten entweder offen oder indirekt definiert und geplant, entsprechend der Annahme, welche den größten Nutzen für sie bringen.

45% der Befragten gaben an, den 9,9-Stil anzuwenden. 20% nutzen den PAT-Stil, 10% jeweils den 9,1-Stil und OPP-Stil und jeweils 7,5% jeweils den 1,9-Stil sowie den 1,1-Stil. Die prägnantesten Aussagen im Kommentarbereich waren:

> Ziele werden gemeinsam im Jahresgespräch festgelegt und geprüft.

> Ziele werden gemeinsam erarbeitet und angegangen.

> Ziele und auch im Nachgang das Erreichte (Positiv/Negativ) sollten gemeinsam besprochen werden.

Die Frage Nummer drei in der Mitarbeiterbefragung lautete: **Wie werden Konflikte gelöst?** Es standen folgende Antwortalternativen zur Verfügung:

- 9,9-Stil: Meinungsverschiedenheiten werden offen und objektiv untersucht, mit der Zielsetzung, die qualitativ beste Lösung zu erreichen.

- PAT-Stil: Eine oder mehrere Personen übernehmen die Verantwortung für die Lösung des Konflikts. Sie sorgen dafür, dass die ihnen am besten erscheinenden Lösungen erreicht werden, indem sie diejenigen, die ihre Lösung unterstützen, einbeziehen und jenen, die dies nicht tun, ihre Unterstützung entziehen.

- 9,1-Stil: Die hierarchische Stellung wird eingesetzt, um den Konflikt zu beenden und die Sache zu entscheiden; meist ohne Einbeziehung der Betroffenen.

- 1,9-Stil: Das Anhören von Alternativen und die Versicherung persönlicher Sympathie und Unterstützung sollen den Konflikt entschärfen.

- 5,5-Stil: Konflikte werden rasch unterdrückt, indem man die Beteiligten zur Kompromissfindung anregt, um einen akzeptablen Arbeitsfortschritt zu gewährleisten.

- 1,1-Stil: Man vermeidet Konflikte, indem man rasch Vorschlägen zustimmt, ohne die Folgen zu untersuchen, oder indem man sich auf irgendwelche Regeln beruft, die nicht unbedingt etwas mit dem konkreten Fall zu tun haben.

- OPP-Stil: Konflikte werden nur dann gelöst, wenn es den verantwortlichen Vorgesetzten persönlich etwas bringt.

60% der Befragten gaben an, sich entsprechend des 9,9-Stils zu verhalten, 15% entsprechend des 5,5-Stils und jeweils 5% entsprechend des 9,1-Stils, 1,9-Stils, 1,1-Stils, OPP-Stils und PAT-Stils. Die interessantesten Aussagen im Kommentarteil waren:

> Wenn es beim Lösen von Konflikten nur Gewinner gibt, ist die beste Lösung erreicht.

> Objektiv werden Konflikte sachlich und unter Einbeziehung aller Betroffenen gelöst. In Einzelfällen gibt es aber auch subjektive Abweichungen mit administrativen Lösungen.

Konflikte zu unterdrücken, löst diese genau so wenig, wie sie nicht anzugehen. Man muss über Meinungsverschiedenheiten reden, alle Beteiligten einbeziehen und dies möglichst früh. Ggf. unter Einbezug eines 'neutralen Moderators'. Ziel muss eine Win-Win-Lösung sein, die sicher nicht in allen Fällen erreicht werden kann.

Die Frage Nummer vier lautete: **Wie findet die Zusammenarbeit zwischen Bereichen statt?** Die Antwortalternativen waren:

- 9,9-Stil: Zusammenarbeit geschieht laufend und umfassend, da die Beteiligten daran arbeiten, andere zu informieren und einzubeziehen. Der Arbeitsprozess verändert sich entsprechend dem Ziel, den Erfordernissen am besten zu entsprechen.

- PAT-Stil: Zusammenarbeit wird von oben angeordnet, wobei man sich darum kümmert, dass Arbeitsanordnungen von den Beteiligten auch eingehalten werden.

- 9,1-Stil: Zusammenarbeit läuft über die hierarchische Befehlsstruktur und bietet kaum Platz für Flexibilität oder persönliche Kreativität.

- 1,9-Stil: Man nimmt an, dass ausreichend informierte Leute ihre Informationen auch austauschen, wenn sie freundlich miteinander sind und sich gegenseitig oft sehen und miteinander reden.

- 5,5-Stil: Zusammenarbeit findet ihre Grundlage in den bisherigen Vorgehensweisen und Praktiken und den beteiligten Persönlichkeiten, anstatt in den Erfordernissen der Aufgabe.

- 1,1-Stil: Zusammenarbeit zwischen Unternehmensbereichen ist minimal. Man bemüht sich kaum, außer bei unmittelbarem Bedarf, andere zu informieren oder einzubeziehen.

- OPP-Stil: Das Ausmaß der Zusammenarbeit richtet sich nach den persönlichen Vorteilen, die man sich von den Ergebnissen erwartet.

In diesem Bereich zeigten sehr gute 60% der Befragten das 9,9-Verhalten. Alle anderen Stile wurden jeweils von circa 6,6% der Mitarbeiter angewendet. Die prägnantesten Kommentare waren:

> Zusammenarbeit wird nur dann verbessert, wenn der Informationsfluss verstärkt wird.
>
> Zusammenarbeit wird gelebt mit wenigen Ausnahmen.
>
> Zum Teil gibt es noch veraltete Strukturen. Neue Wege des Informationsaustauschs sind im Kommen.

Frage Nummer fünf war: **Wie wird mit Kritik umgegangen?** Hierzu gab es im statistischen Teil folgende Antwortalternativen entsprechend der einzelnen Grid-Stile:

- 9,9-Stil: Kritik ist permanent, objektiv und hilfreich und orientiert sich an Fakten und vorher festgelegten Standards.

- PAT-Stil: Positive Kritik wird eingesetzt, um Begeisterung zu wecken und Loyalität zu belohnen. Negative Kritik geschieht indirekt durch Entzug der positiven Kritik.

- 9,1-Stil: Kritik erfolgt in Form einer Inspektion und soll die Leistung durch das Aufzeigen von Schwächen oder Fehlern sicherstellen; sehr gute Leistungen werden erwartet, aber kaum besprochen, wenn sie erreicht wurden.

- 1,9-Stil: Die Leute werden ermuntert, ihr Bestes zu tun und erhalten Lob für ihren Einsatz; Fehler werden kaum diskutiert.

- 5,5-Stil: Informelle Überprüfungen werden durchgeführt; abschließende Kritik sorgt für das Besprechen aufgetretener Spannungen, hat aber wenig Einfluss auf zukünftige Ziele.

- 1,1-Stil: Kritik wird kaum oder gar nicht eingesetzt.

- OPP-Stil: Der Einsatz von Kritik erfolgt wechselnd und nicht konsequent. Sie wird verwendet, um Unterstützung für bestimmte Teammitglieder herzustellen oder aufrecht zu erhalten.

50% der Globus-Mitarbeiter und Manager lösen Konflikte entsprechend des 9,9-Stils, 20% im Sinne des 9,1-Stils und 10% nach dem Verhalten des PAT-Stils. Die anderen vier Stile kamen jeweils zu 5% vor. Einige interessante Aussagen aus dem Kommentarteil der Befragung waren:

> Um Kritik anzubringen, sind definierte Fakten und Standards das beste Fundament. Diese bieten keine Möglichkeit von Ausreden. Es muss darauf geachtet werden, dass Ziele formuliert werden, die von allen Beteiligten akzeptiert werden.

> Sehr gute Leistungen könnten mehr honoriert werden, um für neue Aufgaben wieder genug Motivation zu haben.

> Positive Kritik ist richtig, wenn das, was in den Besprechungen festgehalten wird, auch später auf jeden Fall umgesetzt wird.

Frage Nummer sechs lautete: **Wie identifiziert man sich mit dem Unternehmen?** Es standen folgende Antwortalternativen zur Verfügung:

- 9,9-Stil: Identifikation ergibt sich aus klaren Unternehmenszielen und dem Bewusstsein des eigenen Beitrags dazu.

- PAT-Stil: Die Leute zeigen Identifikation und Loyalität für die Unternehmensziele und vertrauen, ohne nachzufragen, jenen, die die Entscheidungen treffen.

- 9,1-Stil: Hohe Identifikation zeigt sich für die Erreichung der geplanten Resultate ohne große Rücksicht darauf, wie es den Beteiligten dabei ergeht.

- 1,9-Stil: Positive Gefühle gegenüber dem Unternehmen entstehen durch die Freude, hier arbeiten zu können.

- 5,5-Stil: Identifikation entspringt dem Gefühl von Prestige, Mitglied eines „guten Unternehmens" zu sein.

- 1,1-Stil: Die Leute bleiben im Unternehmen, da Bleiben noch immer angenehmer und sicherer ist, als woandershin zu wechseln.

- OPP-Stil: Der Grad der gezeigten Identifikation gründet sich auf den persönlichen Gewinn, den man erwartet.

45% der Befragten verhalten sich im Sinne des 9,9-Stils, 25% entsprechend des 1,9-Stils, 15% nach dem 5,5-Stil, 10% im Sinne des 1,1-Stils und jeweils 1,5% entsprechend des PAT-Stils, des 9,1-Stils sowie des OPP-Stils.

Wir leben 'Globus' und müssen dies stetig auf neue Kollegen übertragen, damit diese auch das 'Globus Fieber' ergreift. Jeder muss die Globus Werte leben.

Wer gerne in einem Unternehmen arbeitet, identifiziert sich auch damit. Persönlicher Gewinn (Geld) ist oft auch ein Ansporn. Wer sich nicht leistungsgerecht bezahlt fühlt, wird Frust aufbauen. In der heutigen Zeit scheut man einen Unternehmenswechsel bei Unzufriedenheit auch aus Sicherheitsgedanken. Sieht man den eigenen Beitrag zur Zielerreichung, motiviert dies ungemein.

Wenn es in den Bereichen harmoniert, kommen auch positive Gefühle zur Arbeit auf.

Nur ein zufriedener Mitarbeiter ist ein guter Mitarbeiter.

In Frage Nummer sieben hieß es: **Wie werden Produktivität und Wertschöpfung gehandhabt?** Die Antwortalternativen waren:

- 9,9-Stil: Hohe Produktivität ergibt sich aus dem persönlichen Streben jedes einzelnen, qualitativ gute Arbeit zu tun.

■ PAT-Stil: Ein akzeptables Ausmaß an Produktivität wird aufrechterhalten, ohne die Mitarbeiter allzu großem Druck auszusetzen.

■ 9,1-Stil: Druck zur Erzielung immer höherer Produktivität ist laufend spürbar.

■ 1,9-Stil: Auch Mitarbeiter, die nicht voll und produktiv eingesetzt werden können, werden weiter beschäftigt, um die Moral nicht zu gefährden.

■ 5,5-Stil: Ein akzeptables Ausmaß an Produktivität wird aufrechterhalten, ohne die Mitarbeiter allzu großem Druck auszusetzen.

■ 1,1-Stil: Man macht gerade das Minimum an seinem Arbeitsplatz.

■ OPP-Stil: Produktivität dreht sich um individuell Erreichtes und darum, sich den Erfolg anderer selbst „gutzuschreiben".

Die Befragten gaben an, dass sich 55% entsprechend des 9,9-Stils verhielten, 25% im Sinne des 9,1-Stils und jeweils 4% entsprechend der übrigen Stile (1,9, 1,1, 5,5, OPP und PAT). Sie gaben unter anderem die folgenden Antworten im offenen Teil der Umfrage:

Vertrauen und Respekt sind gegeben.

Um möglichst große Produktivität und Wertschöpfung zu erreichen, muss jeder einzelne Mitarbeiter sich mit seiner Arbeit identifizieren können. Er muss erkennen, welchen Teil seine persönliche Arbeit an dem gesamten Handeln des Unternehmens leistet.

Persönliches Engagement jedes einzelnen, aber auch gute Führung sind die wesentlichen Faktoren, die zu Produktivität und Wertschöpfung führen.

Ohne eine solche Einstellung hat ein Mitarbeiter bei uns keine Chance. Wer etwas erreichen will, sollte sich das Ziel stellen, jeden Tag sein Bestes zu geben. Qualität und Freundlichkeit stehen dabei an erster Stelle. Der Kunde ist unser wichtigstes Potenzial.

Abschließend lautete die Frage Nummer acht: **Welche Rolle spielen Standards für hervorragende Leistung?** Die Befragten konnten sich zwischen den folgenden Antwortalternativen entscheiden:

- ■ 9,9-Stil: Man identifiziert sich voll mit Standards für hervorragende Leistungen. Man erzielt hohe Leistungen durch Synergie, da sich alle dazu verpflichtet und für diese Ziele motiviert fühlen.

- ■ PAT-Stil: Standards für hervorragende Leistungen werden nach den Vorstellungen der höheren Führungsebenen und ohne Einbeziehung derjenigen entwickelt, die für ihre Umsetzung verantwortlich sind. Mitziehen wird belohnt.

- ■ 9,1-Stil: Leistungsstandards mit der größten Herausforderung werden mit dem Ziel durchgesetzt, heute zu den Gewinnern zu zählen, ungeachtet der Schwierigkeiten, die daraus jetzt und/oder in der Zukunft entstehen können.

- ■ 1,9-Stil: Obwohl Standards für hervorragende Leistung bekannt sind, haben sie geringen Einfluss auf Entscheidungen und Handlungen. Die Akzeptanz anderer zu gewinnen und sie zu erhalten, ist wichtiger.

- ■ 5,5-Stil: Standards für hervorragende Leistungen beruhen auf einem Kompromiss zwischen einem notwendigen Leistungsausmaß und der Akzeptanz bei den Mitarbeitern.

- ■ 1,1-Stil: Standards für hervorragende Leistungen gibt es nicht oder nur in der Form, dass die unbedingt notwendige Leistung erbracht wird.

- ■ OPP-Stil: Standards für hervorragende Leistungen werden nicht konsequent gehandhabt, da die Ziele sich je nach dem erhofften persönlichen Gewinn eines oder mehrerer Teammitglieder verändern.

Die Befragung ergab, dass 50% dem 9,9-Stil folgen und 8,3% jeweils allen anderen (9,1, 1,9, 1,1, 5,5, PAT, OPP). Die folgende Tabelle beinhaltet einige Aussagen aus dem offenen Teil:

Um sich im Wettbewerbsumfeld zu behaupten und abzuheben, sind hohe Leistungsstandards notwendig. Durch teamorientiertes Arbeiten werden viele Synergien erzielt, um die gesteckten Ziele zu erreichen. Die Leistungsstandards werden Team/ bzw. Mitarbeiter orientiert angewendet.

Standards sind sehr wichtig, bedürfen aber einer ständigen Kontrolle. Flexibilität und Standardisierung müssen in einem angemessenen Verhältnis stehen. Zuviel Flexibilität verhindert das klare, unverwechselbare Bild des Unternehmens.

Wie Sie sehen, wurde die Grid-Befragung zu sehr vielfältigem Feedback genutzt. Die Kommentare waren von Offenheit geprägt. Dies ist wichtig für eine genaue Analyse der Unternehmenskultur. Nur so hat die Geschäftsführung die Möglichkeit, sich ein konkretes und realistisches Bild zu machen.

Trotz der Unternehmensgröße von Globus hat das Topmanagement nun die Möglichkeit, entsprechende Maßnahmen einzuleiten um Positives zu verstärken und Negatives aufzuarbeiten. Insgesamt können die Werte und das Feedback als herausragend angesehen werden.

Heutzutage gibt es darüber hinaus eine Methode, wie positive Energien im gesamten Unternehmen durch Beteiligung mobilisiert werden, indem eine Ausrichtung auf Positives, also Spitzenleistungen, vollzogen wird. Diese Methode nennt sich „Wertschätzende Befragung" oder auf Englisch „Appreciative Inquiry". Diese möchten wir Ihnen abschließend in einem Exkurs vorstellen.

EXKURS: Appreciative Inquiry - Positives Hinterfragen führt zu positiven Ergebnissen

Positive Leadership entwickelt immer neue Wege im Verständnis der Prozesse und Dynamiken von organisationalen Spitzenleistungen (vgl. hier und im Folgenden Creusen/Müller-Seitz (2009)). Während sich traditionelle Organisationsentwicklungstechniken mit Fehleranalysen und Problembehebungen auseinandersetzen, verfügen wir heute über weitreichendere Maßnahmen. Eine davon ist Appreciative Inquiry (AI).

Schon anhand des Sprachgebrauchs vieler Organisationsentwicklungsansätze lässt sich der problem- und fehlerorientierte Ansatz mit Maschinenmetaphern ausmachen. Dies kann zu einer Entmutigung der Mitarbeiter führen, so dass Probleme letztendlich nicht gelöst werden.

Grundsätzlich verfielen Wissenschaft und Praxis auf dem Gebiet der Organisationsentwicklung aufgrund ihres hohen Verbreitungsgrades dem Irrglauben, dass nur defizitorientierte Ansätze erfolgreich sein können, obwohl das Gegenteil von Forschern belegt wurde.

AI ist grundsätzlich ein Prozess des Suchens und Entdeckens, um wertschätzen und honorieren zu können. Der Grundgedanke ist, dass Organisationen aus Menschen bestehen und somit, metaphorisch gesprochen, leben. Ziel ist es, den positiven Kern zu erfassen und zu fördern. Da Menschen sich wahrnehmungsorientiert entwickeln, zielt AI mit positiven Fragen auf organisationale Spitzenleistungen in Vergangenheit, Gegenwart und Zukunft. Organisationen entwickeln so in einer selbstorganisierenden Art eine erstrebenswerte Zukunft. Hohe Motivation und Engagement sind dabei die Folge des Einbeziehens aller Mitarbeiter beziehungsweise eines möglichst großen Personenkreises. AI folgt im Kern einem vierstufigen Prozess bestehend aus Discovery (Entdeckung/Analyse), Dream (Traum/Zielsetzung), Design (Entwurf/Planung) und Destiny (Umsetzung/Realisation). Diese Phasen sollen im Folgenden knapp dargestellt werden:

■ Discovery-Phase: Zentraler Punkt dieser Phase ist ein Interviewprozess, der den positiven Kern der Organisation freilegt. Die Interviews werden von den Organisationsmitgliedern selbst durchgeführt und nicht von externen Beratern. Durch diese Selbstbefragung innerhalb der Organisation kommt es zu einer bewussten Hinterfragung organisationaler Spitzenleistungen und somit zu einer Ausbreitung dieser positiven Wahrnehmung in der gesamten Organisation, so dass Hoffnung und Gemeinsinn wachsen und die Motivation der Mitarbeiter hinsichtlich der Organisationsentwicklung durch Partizipation gleichsam ganz natürlich entstehen kann.

■ Dream-Phase: Die Wertschätzung weitet sich in dieser Phase organisational aus und bereitet die Organisationstransformation vor. Ziel dieser Phase ist, eine positive Zukunft der Organisation zu entwerfen, die eine Vision, eine starke Sinnhaftigkeit sowie eine Unternehmensstrategie beinhaltet. Diese Elemente werden sodann im Detail auf der Grundlage der unternehmensweiten Befragung von den Mitarbeitern unter Einbeziehung des Managements und externer Berater selbst entwickelt.

■ Design-Phase: Ist die Zukunft der Organisation definiert, werden Maßnahmen erarbeitet, um diese Zukunft zu realisieren. Es werden alle Funktionen und Bereiche der Unternehmung eingebunden. Gerade diese Einbeziehung durchbricht die sonst übliche organisationale Resistenz gegen Organisationsentwicklungsmaßnahmen, die in vielen Fällen ausschließlich von externen Beratungsfirmen initiiert werden.

■ Destiny-Phase: Letztendlich werden die gemeinsam erarbeiteten Maßnahmen umgesetzt. Die Mitarbeiter erkennen nunmehr idealerweise intuitiv, dass sie die Welt, in der sie leben, selbst kreieren beziehungsweise gestalten können. Wiederum werden gegebenenfalls positive Wirkeffekte bezüglich der Motivation sichtbar. In selbstorganisierender Weise transformiert sich die Organisation somit ganzheitlich selbst.

In der Praxis zeigt sich immer wieder, dass die wertschätzende Befragung zur Entdeckung organisationaler Spitzenleistungen bereits selbst eine Intervention in Richtung Organisationsentwicklung ist. Mit dem Fortgang der wertschätzenden Befragung kommt es zu einer Ausweitung der organisationalen Reichweite und Tiefe. Es kommt im Anschluss bestenfalls auf allen Ebenen zum Erleben positiver Emotionen, die per se ansteckend sind und die wiederum das eigene Handeln und Denken erweitern und letztendlich persönliche und soziale Ressourcen aufbauen. Es kommt auch zu einem Aufbau von positiven sozialen Beziehungen innerhalb der Organisation. Hoffnung, Inspiration und Freude breiten sich auf allen Ebenen aus und führen zu Wohlbefinden. Hoffnung beispielsweise fördert wiederum soziale Kontakte und animiert zur Schaffung neuer Ideen. Inspiration ist verknüpft mit dem Aufbau von Sinn und Engagement. Freude führt zu Kreativität, Freiheit, Dankbarkeit und der Neigung anderen zu dienen.

AI folgt somit dem Grundverständnis von Positive Leadership, nämlich dass Menschen ein tieferes Verständnis der eigenen und anderer Stärken anstreben. Insofern gilt AI auch als die intuitivste und wirkungsvollste Methode der Organisationsentwicklung. Denn nicht ein externer Berater entwickelt die Organisation ohne genauere Kenntnisse, sondern die Organisation entwickelt und verbessert sich selbst.

Take-Away-Message

Beteiligung ist der Kern des Positive Leadership.

Die Mitarbeiter müssen zu Partnern werden, um gerade auch langfristigen Erfolg zu ermöglichen.

Eine Methode, Beteiligung im Berufsalltag zu fördern, ist die Methode „Die sechs Hüte"® von Edward de Bono.

Grid ist ein Modell, um durch Erkenntnis und Einsicht zu lernen.

Die einzelnen Führungsstile ergeben sich aus der Kombination zwischen zwei Orientierungen, die im zwischenmenschlichen, professionellen Bereich auftreten. So kann Verhalten unterschiedlich stark ergebnisorientiert/sachorientiert oder personenorientiert/menschenorientiert sein.

Grid unterscheidet sieben Interaktionselemente (Relationen), die sich praxisnah aus der täglichen Zusammenarbeit ergeben: Kritik üben, Initiative ergreifen, Informationen gewinnen, Standpunkte vertreten, Entscheidungen treffen, Konflikte lösen, widerstandsfähiger werden/mit Misserfolgen umgehen.

Anhand der Sach- und Menschenorientierung und dieser Interaktionselemente können sieben Grid-Stile unterschieden werden.

Ziel ist es, durch Einsicht zu lernen sowie den 9,9-Stil als das überlegene Verhalten zu erkennen.

Anhang: Talente nach dem Clifton StrengthsFinder®

Achiever® / Leistungsorientierung

Activator® / Tatkraft

Adaptability® / Anpassungsfähigkeit

Analytical® / Analytisch

Arranger™ / Arrangeur

Belief® / Überzeugung

Command® / Autorität

Communication® / Kommunikationsfähigkeit

Competition® / Wettbewerbsorientierung

Connectedness® / Verbundenheit

Context® / Kontext

Deliberative™ / Behutsamkeit

Developer® / Entwicklung

Discipline™ / Disziplin

Empathy™ /Einfühlungsvermögen

Consistency™ / Gerechtigkeit

Focus™ / Fokus

Futuristic® / Zukunftsorientierung

Harmony® / Harmoniestreben

Includer® / Integrationsbestreben

Ideation® / Vorstellungskraft

Individualization® / Einzelwahrnehmung

Input® / Ideensammler

Intellection® / Intellekt

Learner® / Wissbegierde

Maximizer® / Höchstleistung

Positivity® / Positive Einstellung

Relator® / Bindungsfähigkeit

Responsibility® / Verantwortungsgefühl

Restorative™ / Wiederherstellung

Self-Assurance® / Selbstbewusstsein

Significance™ / Bedeutsamkeit

Strategic™ / Strategie

Woo™ / Kontaktfreudigkeit

Literaturempfehlungen

Auhagen, A. (2004): Das Positive mehren. Was ist und was will die Positive Psychologie?, in: Psychologie heute, 12/2004, S. 48-52.

Blake, R. R. / Mouton, J. S. / McCanse, A. A. (1993): Unternehmensentwicklung mit Grid – Der Weg zur effektiven Organisation, Frankfurt a. M.: Campus Verlag 1993.

Clifton, D. O., Buckingham, M. (2007): Entdecken Sie Ihre Stärken jetzt!, Frankfurt / M.: Campus Verlag 2007.

Conchie, B. / Rath, T. (2009): Führungsstärke. Was erfolgreiche Führungskräfte auszeichnet, München: Redline Verlag 2009.

Collins, J. C. / Porras, J. I. (1996): Building your company's vision, in: Harvard Business Review, S. 65-77.

Creusen, U., / Eschemann, N. (2008): Talente finden und fördern, in: Harvard Business Manager, 30(1), S. 54-65.

Creusen, U., / Eschemann, N. (2008): Zum Glück gibt's Erfolg: Wie Positive Leadership zu Höchstleistung führt, Zürich: Orell Füssli 2008.

Creusen, U. / Eschemann, N. (2010): Das Glückstagebuch, Münster: Coppenrath 2010.

Creusen, U. / Eschemann, N. / Müller-Seitz, G. (2009): Positive Emotionalität und Unternehmenskultur - Konzeptionelle Grundzüge und empirische Evidenzen; in: Schröder, H. / Olbrich, R. / Kenning, P. / Evanschitzky, H. (Hrsg.): Distribution und Handel in Theorie und Praxis, S. 157-179. Wiesbaden: Gabler 2009.

Creusen, U. / Müller-Seitz, G. (2009): Das Positive-Leadership-Grid: Eine Analyse aus Sicht des Positiven Managements; Wiesbaden: Gabler 2009.

Csikszentmihalyi, M. (2004): Flow im Beruf: Das Geheimnis des Glücks am Arbeitsplatz, Stuttgart: Klett-Cotta 2004.

Csikszentmihalyi, M. (2002): Flow: Das Geheimnis des Glücks, Stuttgart: Klett-Cotta 2002.

Eschemann, N. (2008): Klare Werte – starkes Team, in: Schlieper-Damrich, R. / Kipfelsberger, P. / Netzwerk CoachPro (Hrsg.): Wertecoaching. Beruflich brisante Situationen sinnvoll meistern, S. 248-271, Bonn. managerSeminare Verlags GmbH 2008.

Frey, D. / Oßwald, S. / Peus, C. / Fischer, P. (2006): Positives Management, ethikorientierte Führung und Center of Excellence – Wie Unternehmenserfolg und Entfaltung der Mitarbeiter durch neue Unternehmens- und Führungskulturen gefördert werden können, in: Ringlstetter, M. / Kaiser, S. / Müller-Seitz, G. (Hrsg.): Positives Management. Zentrale Konzepte und Ideen des Positive Organizational Scholarship, S. 237-268. Wiesbaden: Gabler 2006.

Kaiser, S. / Müller-Seitz, G. (2004): Positive Organizational Scholarship, in: Zeitschrift für Planung & Unternehmenssteuerung, 15(4), S. 449-454.

Kaiser, S., / Müller-Seitz, G. (2007): An explorative analysis of the socialization of positive emotions: Insights from the consulting field, in: Comportamento Organizacional E Gestao (Organizational Behaviour and Management Review), 13(1), S. 55-70.

Kaiser, S. / Müller-Seitz, G. / Creusen, U. (2008): Passion wanted! Socialisation of positive emotions in consulting firms, in: International Journal of Work Organisation and Emotion, 2(3), S. 305-320.

Keyes, C. L. M. / Hysom, S. J. / Lupo, K. L. (2000): The Positive Organization: Leadership Legitimacy, Employee Well-Being, and the Bottom Line, in: The Psychologist-Manager Journal, 4(2), S. 143-153.

Luthans, F. (2002): Positive organizational behavior: Developing and managing psychological strengths, in: Academy of Management Executive, 16, S. 67-72.

Luthans, F. / Avolio, B. J. (2003): Authentic Leadership Development, in: Cameron, K. S. / Dutton, J. E. / Quinn, R. E. (Hrsg.): Positive Organizational Scholarship. Foundations of a New Discipline, San Francisco: Berrett-Koehler Publishers 2003, S. 241-261.

Luthans, F. / Luthans, K. W. / Hodgetts, R. M. / Luthans, B. C. (2002): Positive approach to leadership (PAL): Implications for today's organizations, in: Journal of Leadership Studies, 8, S. 3-20.

Lyubomirsky, S. (2008): Glücklich sein, Frankfurt / M. Campus Verlag GmbH 2008.

Müller-Seitz, G. (2008): Positive Emotionalität in Organisationen: Identifikation realtypischer Erscheinungsformen und Gestaltungsoptionen aus Sicht des Humanressourcen-Managements, Wiesbaden: Gabler 2008.

Peterson, S. / Luthans, F. (2003): The positive impact and development of hopeful leaders, in: Leadership & Organization Development Journal, 24(1), S. 26-31.

Rath, T. / Clifton D. O. (2004): How full is your bucket?, New York. Gallup Press 2004.

Turner, N. / Barling, J. / Zacharatos, A. (2002): Positive Psychology at Work, in: Snyder, C. / Lopez, S. (Hrsg.): Handbook of Positive Psychology, S. 715-728. Oxford: Oxford University Press 2002.

Seligman, M. E. P. (2003): Der Glücks-Faktor: Warum Optimisten länger leben, Bergisch Gladbach: Verlagsgruppe Lübbe 2003.

Literaturverzeichnis

Bandura, A. (1997): Self-efficacy: The exercise of control, New York: Worth Publishers 1997.

Carlson, B. / McKee, R. K. / Robinson, C. (2006): Purpose, Courage and Power: Taking Leadership to the Next Level, Austin: Grid 2006.

Cohn, M. A. / Fredrickson, B. L. (2009): Positive Emotions, in: Lopez, S. J. / Snyder, C. R. (Hrsg.): Oxford Handbook of Positive Psychology, S. 13-24, Oxford 2009.

Creusen, U. / Eschemann, N. (2008): Zum Glück gibt´s Erfolg, Zürich: Orell Fuessli 2008

Creusen, U. / Eschemann, N. (2010): Das Glückstagebuch, Münster: Coppenrath 2010.

Creusen, U. / Müller-Seitz, G. (2009): Das Positive-Leadership-Grid – Eine Analyse aus Sicht des Positiven Managements, Wiesbaden: Gabler 2009.

Csikszentmihalyi, M. (1975/2000): Beyond boredom and anxiety, San Francisco: Jossey-Bass 1975/2000.

Davis, M. H. (1996): Empathy: A Social-Psychological Approach. Westview: Westview Press 1996.

Fredrickson, B. L. (1998): What good are positive emotions?, in: Review of General Psychology, 2, S. 300-319.

Fredrickson, B. L. (2002): Positive emotions, in: Snyder, C. R. / Lopez, S. J. (2002): Handbook of positive psychology, S. 120-134, New York: Oxford University Press 2002.

Fredrickson, B. L. (2009): Positivity - Groundbreaking Research Reveals How to Embrace the Hidden Strength of Positive Emotions, Overcome Negativity, and Thrive, New York: Crown 2009.

FTD (2009): Gallup-Studie – Deutsche Mitarbeiter demotiviert, elektronisch veröffentlicht unter der URL: http://www.ftd.de/karriere_management/management/:Gallup-Studie-Deutsche-Mitarbeiter-demotiviert/461000.html, abgerufen am 17.02.2009.

Jugendreport (2009): Wir suchen Helden, Focus, 16, 11. April 2009, S. 138-150.

Juhl, J. (2010): Familienkalender 2010.

Lezius, Hans Michael / Beyer, Heinrich: Menschen machen Wirtschaft. Betriebliche Partnerschaft als Erfolgsfaktor. Wiesbaden: Gabler Verlag; Frankfurt am Main: Frankfurter Allgemeine Zeitung, 1989.

Luthans, F. / Youssef, C. M. / Avolio, B. J. (2007): Psychological Capital: Developing the Human Competitive Edge, New York: Oxford University Press 2007.

Luthans, F. / Avolio, B. J. / Avey, J. B. (2009): Psychological Capital Questionnaire (PCQ), elektronisch unter www.mindgarden.com

Masten, A. S. / Cutuli, J. J. / Herbers, J. E. / Reed, M.-G. J. (2009): Resilience in Development, in: Lopez, S. J. / Snyder, C. R. (Hrsg.): Oxford Handbook of Positive Psychology, New York: Oxford University Press 2009.

Masten, A. S. / Reed, M. J. (2002): Resilience in development, in: Snyder, C. R. / Lopez, S. J. (Hrsg.): Handbook of positive psychology, S. 74-88, New York: Oxford University Press 2002.

Michaels, E. / Handfield-Jones, H. / Axelrod, B. (2001): The war for talent, Boston: Harvard Business Press 2001.

McKee, R. K. / Carlson, B. (2007): Besser führen mit Grid® - Mit exzellenter Führung zur Spitzenleistung, Leverkusen: Grid 2007.

McKee, R. K. / Carlson, B. (2008): Mut zum Wandel – Das Grid Führungsmodell, Herten: Econ 2008.

Nakamura, J. / Csikszentmihalyi, M. (2009): Flow Theory and Research, in: Lopez, S. J. / Snyder, C. R. (Hrsg.): Oxford Handbook of Positive Psychology, S.195-206, New York: Oxford University Press 2009.

Pattakos, A. (2005): Gefangene unserer Gedanken. Viktor Frankls 7 Prinzipien, die Leben und Arbeit Sinn geben, Wien: Linde 2005.

Peterson, C. / Park, N. (2009): Classifying and Measuring Strengths of Character, in: Lopez, S. J. / Snyder, C. R. (Hrsg.): Oxford Handbook of Positive Psychology, 2nd Ed., New York: Oxford University Press 2009.

Peterson, C. / Semmel, A. / von Baeyer, C. / Abramson, L. Y. / Metalsky, G. I. / Seligman, M. E. P. (1982): The Attributional Style Questionnaire, in: Cognitive Therapy and Research, 6, S. 287-299.

Rand, K. L. / Cheavens, J. S. (2009): Hope Theory, in: Lopez, S. J. / Snyder, C. R. (Hrsg.): Oxford Handbook of Positive Psychology, Second Edition, New York: Oxford University Press 2009.

Rath, T. / Conchie, B. (2009): Führungsstärke. Was erfolgreiche Führungskräfte auszeichnet, München: Redline Verlag 2009.

Seligman, M. E. P. (1990): Learned optimism, New York: Vintage 1990.

Seligman, M. E. P. (2002): Authentic happiness: Using the new positive psychology to realize your potential for lasting fulfillment, New York: Free Press 2002.

Die Autorin und die Autoren

In dem Lebenslauf des Niederländers **Professor Dr. Creusen**, von dem an dieser Stelle nur ein Überblick gegeben werden kann, vereinen sich Theorie und Praxis zu einem erfolgreichen Gesamtkonzept.

Nach seinem Abitur 1974 in Bad Honnef widmete er sich an der Universität zu Köln dem Studium der Volkswirtschaftslehre, Soziologie und Sozialpsychologie, welches er 1979 abschloss.

Seine berufliche Laufbahn startete Prof. Dr. Creusen bei der OBI AG, wo er 1979 als Marktleiter des Marktes Offenburg einstieg.

1991 wurde Prof. Dr. Creusen Geschäftsführer der OBI Systemzentrale GmbH. Als solcher gelang ihm die Einführung verschiedener Instrumente der Personalentwicklung, darunter die Gründung einer OBI eigenen Akademie für Aus- und Weiterbildung. Des Weiteren optimierte er die Personalstruktur in den Märkten durch Einführung des „Libero-Konzeptes".

1997 trat Prof. Dr. Creusen als Mitglied in den Vorstand der OBI AG ein. Im Rahmen dieser Position widmete er sich unter anderem der Neuausrichtung der Bereiche IT und Organisation, der Weiterentwicklung des OBI Tantieme- und Beteiligungsmodells und der Durchführung eines ganzheitlichen Visionsprozesses.

Nach seiner erfolgreichen Tätigkeit bei der OBI AG wechselte Prof. Dr. Creusen 2002 zur Media-Saturn-Holding GmbH, wo er bis März 2008 als Mitglied der Geschäftsführung und Chief Human Resources Officer aktiv war. Während dieser Zeit beschäftigte Prof. Dr. Creusen sich unter anderem mit den Themen Riskmanagement, Corporate Communications, Mitarbeiter-Engagementmessung, Unternehmensstrategie, Personalmanagement und Employer Branding.

Derzeit ist der Unternehmensberater Prof. Dr. Utho Creusen im Bereich des Elektronikfachhandels als Mitglied im Aufsichtsrat des russischen Marktführers Mvideo sowie des englischen Marktführers Dixons und als Gesellschafter von Alphatecc tätig.

Die Themengebiete seiner Lehraufträge erstrecken sich auf die Bereiche Handel, Unternehmensführung und Marketing. Hierbei entstanden zahlreiche Publikationen.

Prof. Dr. Creusen ist darüber hinaus zertifizierter Trainer für GRID Management Seminare. Seit 1998 leitet er verschiedene Projekte des Positive Leaderships beispielsweise zur Messung und Steigerung von Kundenzufriedenheit und Mitarbeiterzufriedenheit sowie Projekte der Stärkenorientierung und der Visionsentwicklung.

Nina Eschemann, Jahrgang 1972, verheiratet, zwei Kinder.

Studium der Sprachen (Englisch, Französisch, Spanisch) und Administration, Strengths Performance Coach (nach Clifton Strengths-Finder®), zertifizierter Business Coach (CoachPro®), seit mehr als zehn Jahren im Handel tätig.

Als Leadership Coach für diverse große, internationale Unternehmen tätig. Absolventin des „Authentic Happiness Coaching Programs" von Prof. Martin E. P. Seligman. Internationale Erfahrung im Coaching von Einzelpersonen und Teams auf Top-Managementebene. Vorlesungen und Vorträge zum Themenbereich Stärkenorientierung und Positive Psychologie als Managementmethode auf internationalen Kongressen und an internationalen Hochschulen. Im Januar 2007 Erhalt des „Clifton Strengths Prize", verliehen für die Verdienste um das internationale Stärkencoaching.

Arbeitsschwerpunkte: persönliche Stärkenentwicklung, Teamentwicklung, Leadership, Entwicklung von Grundwerten und Vision, Kommunikation, Positive Psychologie.

nina.eschemann@positive-leadership.de
nina@eschemann.de
www.positive-leadership.de

Thomas Johann – Jahrgang 1978 – studierte an der Katholischen Universität Eichstätt-Ingolstadt Betriebswirtschaftslehre im Hauptfach und Arbeits- und Organisationspsychologie im Nebenfach. Er schloss das Studium im Jahr 2002 als Diplom-Kaufmann (Univ.) ab.

Foto: Helga Schulz

Nach einigen Stationen in der Wirtschaft ist er momentan Doktorand am Lehrstuhl von Prof. Dr. Max Ringlstetter an der Ingolstadt School of Management an der Katholischen Universität Eichstätt-Ingolstadt. Sein Forschungsschwerpunkt ist die Führungsforschung und speziell die Schaffung von Wettbewerbsvorteilen durch die Anwendung der Positiven Psychologie im Rahmen eines Humanressourcen-Managements.

Er erfüllt diverse Lehraufträge an renommierten deutschen Hochschulen und ist spezialisiert auf die Fächer Personal, Organisation und Unternehmensführung sowie die Positive Psychologie. Er lebt in den USA und berät Vorstände und Geschäftsführungen internationaler Unternehmen zu diesen Themen.

Mitarbeiter erfolgreich führen

↗

Von der Natur für die Führungspraxis lernen

Mit Erkenntnissen der Evolutionsbiologie die „weichen" Verhaltensfaktoren wie Sympathie, persönliches Kennen und gegenseitiges Vertrauen mit den „harten" sozialen Regeln des Handelns erfolgbringend verschränken.

Klaus Dehner
Die Bindungsformel
Wie Sie die Naturgesetze des gemeinsamen Handelns erfolgreich anwenden
2010. 192 S.
Geb. EUR 39,90
ISBN 978-3-8349-1393-7

Mit verändertem Denken Leistungsniveau steigern

Ein Praxisratgeber, der Führungskräfte pragmatisch dabei unterstützt, Talent-Management, also Personalführung und -entwicklung, professionell in ihren Alltag zu integrieren. Durch die sehr praxisorientierte Herangehensweise, die auf über 10 Jahren Coaching-Erfahrung mit Führungskräften beruht, sowie eine Reihe realer Praxisfälle erhält der Leser erprobte Ansätze, wie er seine eigenen Denk- und Verhaltensmuster verändern kann, um seiner Verantwortung als Talent-Manager besser gerecht zu werden und seine Attraktivität als Arbeitgeber ebenso wie das Leistungsniveau in seinem Bereich zu steigern.

Jochen Gabrisch
Die Besten managen
Erfolgreiches Talent-Management im Führungsalltag
Mit zahlreichen Beispielen aus der Coaching-Praxis
2010. 237 S. mit 32 Abb.
Br. EUR 34,95
ISBN 978-3-8349-1872-7

Worauf es beim Führen wirklich ankommt

Was zeichnet gute Führung aus? Welche Führungsansätze sind wichtig und praxisnah? Daniel F. Pinnow, Geschäftsführer der renommierten Akademie für Führungskräfte, zeigt in diesem Kompendium, worauf es wirklich ankommt.

Daniel F. Pinnow
Führen
Worauf es wirklich ankommt
4. Aufl. 2009. 321 S.
Geb. EUR 42,00
ISBN 978-3-8349-1753-9

Änderungen vorbehalten. Stand: Februar 2010.
Erhältlich im Buchhandel oder beim Verlag

Gabler Verlag . Abraham-Lincoln-Str. 46 . 65189 Wiesbaden . www.gabler.de

GABLER

Managementwissen:
kompetent, kritisch, kreativ
↗

Lebendigkeit im Unternehmen
freisetzen und nutzen

Lebendigkeit ist der fundamentalste Wettbewerbsvorteil eines Unternehmens. Denn durch
einen hohen Grad an Lebendigkeit entsteht alles
andere: Spitzenleistung, Innovationskraft, Verän-
derungsbereitschaft, Dynamik und Tempo. Dieses
Buch zeigt, wie diese hohe Lebendigkeit in Unternehmen erreicht werden kann.

Matthias zur Bonsen

Leading with Life

Lebendigkeit im Unternehmen
freisetzen und nutzen
2009. 273 S.
Geb. EUR 39,90
ISBN 978-3-8349-1353-1

Authentisch führen - worauf es dabei
ankommt

Führungskräfte lernen ihren Führungsjob, während
sie ihn betreiben. Dabei gibt es drei entscheidende
Kompetenzbereiche, die entwickelt werden müssen: die Orientierung in der Rolle, die persönliche
Selbstreflexion und die Empathiefähigkeit.

Adolf Lorenz

Die Führungsaufgabe

Ein Navigationskonzept für
Führungskräfte
2009. 192 S. mit 6 Abb. und
Zusatzprodukt: Mindmap. Geb.
EUR 39,90
ISBN 978-3-8349-1029-5

Nachhaltige Führung durch intelli-
gente Verknüpfung von Ökonomie,
Ökologie und Ethik

In Zeiten der Globalisierung und zunehmender
Dynamik der Märkte stellt sich immer häufiger
die Frage nach der Vereinbarkeit von ökonomi-
schem Handeln mit Umweltmanagement, Ethik
und Nachhaltigkeit. In diesem Buch werden neun
Bausteine für die Entwicklung eines integrierten
Führungssystems der Nachhaltigkeit beschrieben.
Die Kompatibilität der Bausteine und die Schlüs-
sigkeit des Gesamtansatzes stehen dabei im
Vordergrund.

Jörg Rabe von Pappenheim

Das Prinzip Verantwortung

Die 9 Bausteine nachhaltiger
Unternehmensführung
2009. 176 S. mit 22 Abb. Br.
EUR 29,90
ISBN 978-3-8349-1431-6

Änderungen vorbehalten. Stand: Februar 2010.
Erhältlich im Buchhandel oder beim Verlag

Gabler Verlag . Abraham-Lincoln-Str. 46 . 65189 Wiesbaden . www.gabler.de

GABLER

Professionelles Personalmanagement
↗

Leistungsbewertungs- und Anreizsysteme erfolgreich einführen

Das Autorenteam betrachet Leistungsvergütungssysteme aus der Sicht der Personal- und Organisationsentwicklung. Es zeigt, welche Folgen verschiedene Spielarten der Leistungsvergütung auf Struktiren haben und wie sich Prozessororganisation und individuelle Leistungsbeurteilung vereinbaren lassen. Mit detaillierten Beipielen aus renommierten Unternehmen.

Bettina Dilcher /
Christoph Emminghaus
Leistungsorientierte Vergütung
Herausforderung für die Organisations- und Personalentwicklung
- Die Umsetzung und Wirkung von Leistungsentgeltsystemen in der betrieblichen Praxis
2010. 208 S.
Br. EUR 39,95
ISBN 978-3-8349-1355-5

Vom demographischen Wandel profitieren

Gute Talente zu finden und zu binden ist schwierig. Für die Personalarbeit stellt der Eintritt der 80er-Jahrgänge eine neue Herausforderung dar. Welche Implikationen die so genannte Generation Y für Wirtschaft, Arbeitsleben und Talentmanagement hat, zeigt dieses Buch.

Anders Parment
Die Generation Y - Mitarbeiter der Zukunft
Herausforderung und Erfolgsfaktor für das Personalmanagement
2009. 183 S.
Geb. EUR 39,90
ISBN 978-3-8349-1590-0

Zehn Bausteine für eine moderne Unternehmensführung

Jeder Unternehmenschef redet heute von der Wichtigkeit der Humanressourcen. Wie man sie strategisch plant und im Zusammenspiel mit Führungskräften und Personalbereich optimal „nutzt" und entwickelt, das zeigen hier zwei Experten. Mit vielen Praxisbeispielen und Checklisten.

Bernhard Rosenberger /
Christine Wegerich
Strategisches Personalmanagement
10 Bausteine für eine moderne Unternehmensführung
Ein Praxishandbuch mit vielen Checklisten und Praxisbeispielen
2010. ca. 240 S. Geb.
ca. EUR 39,95
ISBN 978-3-8349-0588-8

Änderungen vorbehalten. Stand: Februar 2010.
Erhältlich im Buchhandel oder beim Verlag

Gabler Verlag . Abraham-Lincoln-Str. 46 . 65189 Wiesbaden . www.gabler.de

GABLER